洗衣机维修
从入门到精通

韩雪涛◎主　编
吴瑛　韩广兴◎副主编

U0194362

　化学工业出版社
·北京·

内 容 简 介

　　本书采用全彩色图解的方式，从洗衣机维修基础入手，全面系统地介绍洗衣机维修的专业知识和技能。主要内容包括：洗衣机的结构原理、洗衣机维修工具、洗衣机的故障特点与检修流程、洗衣机的拆卸、洗衣机机械传动系统的检修、洗衣机给排水系统的检修、洗衣机减振支撑系统的检修、洗衣机电气系统的检修以及波轮式洗衣机和滚筒式洗衣机的常见故障维修案例，并给出洗衣机的维修数据。

　　本书内容全面实用，重点突出，图解演示配合大量实拆、实测、实修案例的讲解，力求使读者全面掌握洗衣机维修技能。为了方便读者学习，本书在重要知识点还配有视频讲解，扫描书中二维码即可观看，视频配合图文讲解，轻松掌握维修技能。

　　本书可供家电维修人员学习使用，也可供职业院校、培训学校相关专业师生参考。

图书在版编目（CIP）数据

　　洗衣机维修从入门到精通 / 韩雪涛主编；吴瑛，韩广兴副主编. —北京：化学工业出版社，2022.10
　　ISBN 978-7-122-41765-7

　　Ⅰ.①洗…　Ⅱ.①韩…②吴…③韩…　Ⅲ.①洗衣机 - 维修 - 教材　Ⅳ.① TM925.330.7

　　中国版本图书馆 CIP 数据核字（2022）第 112303 号

责任编辑：李军亮　徐卿华	文字编辑：陈小滔
责任校对：刘曦阳	装帧设计：王晓宇

出版发行：化学工业出版社（北京市东城区青年湖南街13号　邮政编码100011）
印　　装：北京缤索印刷有限公司
787mm×1092mm　1/16　印张19¾　字数490千字　2023年5月北京第1版第1次印刷

购书咨询：010-64518888　　　　　　　　售后服务：010-64518899
网　　址：http://www.cip.com.cn
凡购买本书，如有缺损质量问题，本社销售中心负责调换。

定　　价：99.00元　　　　　　　　　　　　　　　　版权所有　违者必究

前言

随着技术的发展以及洗衣机在生活中的普及，洗衣机的品种越来越多，智能化程度不断提高，洗衣机维修量越来越大，维修技术要求越来越高。掌握洗衣机维修的知识和技能是成为一名合格的洗衣机维修人员的关键，为此我们从初学者的角度出发，根据岗位实际需求编写了本书，旨在帮助读者快速掌握洗衣机维修的专业知识和技能。

本书全面系统地介绍了洗衣机维修的基础知识和维修技能，内容由浅入深，语言通俗易懂，具有完整的知识体系。本书对不同类型洗衣机的常见故障进行了总结，通过大量实际操作案例对常见故障检修技巧进行讲解，帮助读者快速掌握实操技能，并将所学内容运用到工作中。

本书主要特点如下：

1. 立足于初学者，以就业为导向。

首先对读者的定位和岗位需求进行了充分的调研，然后从洗衣机维修基础入手，将目前流行的洗衣机按照维修特点划分为各单元模块，并针对不同洗衣机的故障表现和检修流程提炼维修方法和维修技巧。

2. 知识全面，贴近实际需求

洗衣机维修的学习最忌与实际需求脱节。本书选用具有代表性的洗衣机作为样机，通过对样机的实拆、实测、实修，让学习者清楚不同类型洗衣机的结构组成和电路工作流程，建立科学的检修思路。通过大量实际维修案例的讲解，让学习者掌握各种不同的维修方法和维修技巧，最终掌握最实用的维修技能。

3. 彩色图解，更直观易懂

本书的编写充分考虑读者的学习习惯和岗位特点，将维修知识和技能通过图解演示的方式呈现，非常直观，力求让读者一看就懂，一学就会。在检修操作环节，运用大量的实际维修场景照片，结合图解演示，让读者真实感受维修现场，充分调动学习的主观能动性，提升学习的效率。

4. 配二维码视频讲解，学习更方便

本书对关键知识和技能配视频和拓展材料二维码，读者用手机扫描书中二维码，即可通过观看教学视频同步实时学习对应知识和实操技能，同时还可以通过扩展材料学习掌握相关的维修知识，拓宽知识面，帮助读者轻松入门，在短时间内获得较好的学习效果。

本书由数码维修工程师鉴定指导中心组织编写，编写人员有行业工程师、高级技师和一线教师，使读者在学习过程中如同有一群专家在身边指导，将学习和实践中需要注意的重点、难点一一化解，大大提升学习效果。同时，读者可登录数码维修工程师的官方网站获得超值技术服务。如果读者在学习和考核认证方面有问题，可以通过以下方式与我们联系。电话：022-83718162/83715667/13114807267，地址：天津市南开区榕苑路 4 号天发科技园 8-1-401，邮编：300384。

本书由韩雪涛主编，吴瑛、韩广兴任副主编，参与本书编写的还有张丽梅、宋明芳、朱勇、吴玮、吴惠英、张湘萍、高瑞征、韩雪冬、周文静、吴鹏飞、唐秀鸯、王新霞、马梦霞、张义伟、冯晓茸等。

由于水平有限，书中难免会出现疏漏和不足，欢迎读者指正，也期待与您的技术交流。

编者

目录

第 1 章
洗衣机维修基础

第 2 章
洗衣机结构组成

第 3 章
洗衣机工作原理

第 4 章
洗衣机的故障特点和检修流程

第 5 章

洗衣机的拆卸

第 6 章

洗衣机机械传动系统的检修

第 7 章

洗衣机给排水系统的检修

第 8 章

洗衣机减振支撑系统的检修

第 9 章

洗衣机电气系统的检修

第 10 章

波轮式洗衣机常见故障维修案例

第 11 章

滚筒式洗衣机常见故障维修案例

附录

洗衣机维修技术资料

视频讲解目录

第 / 1 / 章

洗衣机维修基础

1.1　洗衣机维修技术基础

1.1.1　洗衣机的结构特点

　　洗衣机是由电动机作动力源，带动波轮或滚筒旋转完成洗衣服的工作。一般来说，洗衣机是由机械传动系统、给排水系统和电气控制系统等部分构成，它是一种机电一体化的智能家电产品。图 1-1 为典型洗衣机（波轮式）的基本结构。

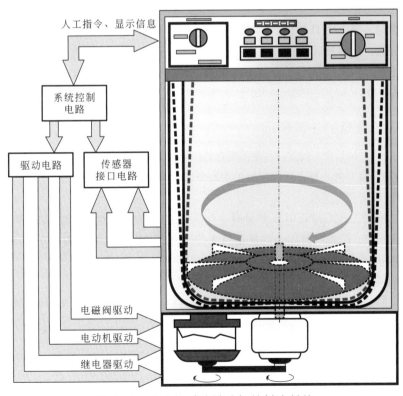

人工指令、显示信息

系统控制电路

驱动电路

传感器接口电路

电磁阀驱动

电动机驱动

继电器驱动

图 1-1　洗衣机（波轮式）的基本结构

1.1.2 洗衣机维修的基本技能

（1）了解洗衣机常用检修工具及使用方法

洗衣机检修人员应熟练掌握各类常用工具、常用仪器及仪表的性能和使用方法。

（2）清楚各类洗衣机的使用方法和工作流程

不同厂家生产的不同类型的洗衣机的结构相差很大，洗衣机的外形设计上也各有千秋，但是洗衣机的功能大同小异，都是在基本的洗涤、漂洗功能上，附加其他的使用功能。因此，熟悉洗衣机各种菜单的功能等是检修人员正确判断故障所在的前提。

（3）掌握洗衣机的整体结构与拆卸过程

洗衣机故障检修需要对洗衣机进行拆卸，确定发生故障的位置。但拆卸洗衣机之前一定要对洗衣机的整机结构有全面的了解。拆卸洗衣机过程中，仍要注意洗衣机各个部件的组合状态，以保证故障排除后的洗衣机能够重新安装和正常运转。

（4）能够判断洗衣机中各种元器件的好坏

洗衣机维修人员应掌握判断洗衣机中常用元器件及特殊元器件好坏的方法，如判别进水电磁阀、水位开关、排水阀和吊杆组件好坏的方法。熟悉这些元器件的种类特征以及元器件的检修方法。

（5）洗衣机常见故障的推断与维修

洗衣机故障的推断与维修是检修的基本过程。如洗衣机出现排水不止，就要考虑到排水系统和涉及的相关部件是否出现了故障。洗衣机开机后不工作，应观察面板的现实状态，再进行检修。对洗衣机常见故障的准确推断，能够缩短维修故障洗衣机的时间，提高维修效率。

（6）具备良好的心理素质

洗衣机维修人员必须具备良好的心理素质。在对洗衣机进行维修的过程中，有时需要在待机下进行检测，这时要尤为注意安全；有时也要对运转的故障洗衣机进行测试，会发生漏电现象。因此在发生上述情况时，切不可慌乱，要保持镇定，不能盲目地进行处理，否则小问题会引起大事故。

1.1.3 洗衣机维修的注意事项

洗衣机的许多故障检修与排除过程都需要在待机或者工作的情况下进行，不仅要求检修人员要有较高的专业技能、良好的心理素质和很好的观察分析能力，同时还应具备相关的安全操作知识。

（1）供电情况下的测量

在对洗衣机的工作点进行电压测量时，如果没有隔离变压器，不要用手触及焊点，并应与万用表正确连接，设置好万用表的量程后才能对洗衣机进行带电检测。在这种检测情况下，不能随意触摸和调整洗衣机上裸露的导体，以防触电。

（2）试机检查

洗衣机检修完成后，应仔细检查洗衣机的电源线与电路板的连接头是否接触良好。经上述检查无误后，才能对洗衣机进行试机操作。

1.2 洗衣机维修常用工具

对洗衣机进行检修，拆卸外壳是不可避免的环节，因此要为拆卸环节做好充足的准备。

拆卸前应了解拆卸过程中需要注意的事项，准备好拆卸及维修的工具和设备。

1.2.1 常用拆装工具

洗衣机的工作部件都在洗衣机围框和箱体的内部，所以检修洗衣机的故障时，需要对洗衣机进行拆卸。拆卸洗衣机需要使用拆装工具，主要有螺丝刀、钳子、镊子、扳手、电烙铁以及万用表等等。

（1）螺丝刀

螺丝刀是拆卸洗衣机过程中使用最多的工具之一。常用的螺丝刀主要有十字螺丝刀和一字螺丝刀两种。根据螺丝尺寸的不同，螺丝刀也有多种规格。

在拆卸洗衣机的过程中，一字螺丝刀通常用来拧一字螺钉，但有的时候还可以作为撬开塑料帽的工具，如图 1-2 所示。

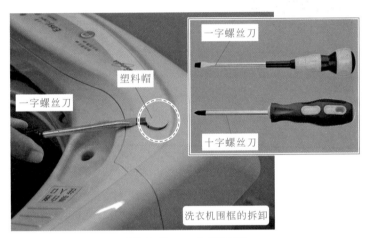

图 1-2　一字螺丝刀

十字螺丝刀通常用来拧动十字螺钉，不同尺寸的螺钉可以用尺寸匹配的螺丝刀拧动，如图 1-3 所示。

除十字螺钉和一字螺钉之外，有些螺钉是内六角螺钉或外六角螺钉，而且这些螺钉周围的空间很小，很难用扳手来拧，这时候就要用内六角螺丝刀或是外六角螺丝刀来拧，如图 1-4 所示。

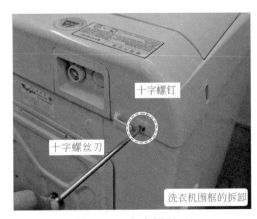

图 1-3　十字螺丝刀

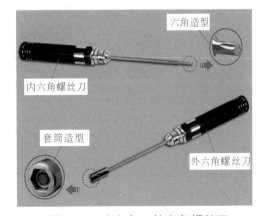

图 1-4　内六角、外六角螺丝刀

3

（2）钳子

在拆装洗衣机时，有时还会用到尖嘴钳；在对洗衣机进行检修时，平口钳主要用来修正变形的器件或插拔跳线；偏口钳主要用来剪除多余无用的导线；在检修电路时，有时还需要使用剥线钳对导线进行加工，即剥掉导线的外皮。

洗衣机的各种电源线通过线束固定在箱体上，有些是可以手动拆卸的，有些则需要使用偏口钳将线束剪断拆卸，如图1-5所示。

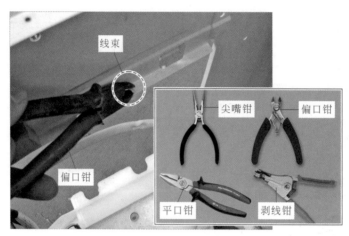

图1-5　钳子及其应用

（3）镊子

在对洗衣机进行拆卸时，有时会用到镊子夹取一些较小的元件，如图1-6所示。焊接时，还可以使用镊子夹持较细的导线，以便于装配焊接。

图1-6　镊子及其应用

（4）扳手

拆卸故障洗衣机的过程中，有些较大的六角螺母就需要用特定扳手来拧动。扳手也具有很多的型号，如活扳手、梅花扳手和呆扳手等，用来拧动不同大小的六角螺母。

活扳手开口宽度可在一定尺寸范围内进行调节，能拧转不同规格的螺栓或螺母；梅花扳手的两端具有带六角孔或十二角孔的工作端，适用于工作空间狭小、不能使用普通扳手的场合；呆扳手的一端或两端制有固定尺寸的开口，用以拧转一定尺寸的螺母或螺栓。

洗衣机的可调底脚长期与洗涤水接触，所以容易锈蚀。拆卸洗衣机底板的可调底脚时，可以借用活扳手来拧动六角螺母，如图 1-7 所示。

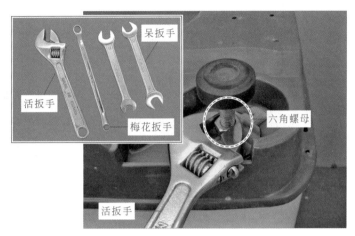

图 1-7　扳手及其应用

套筒扳手由多个带六角孔或十二角孔的套筒并配有手柄、接杆等多种附件组成，特别适用于拧转空间十分狭小或凹陷很深处的螺栓或螺母，如图 1-8 所示。

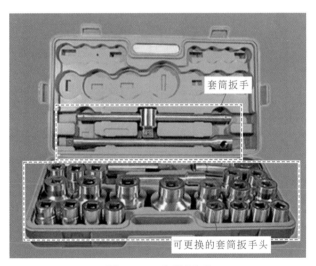

图 1-8　套筒扳手

1.2.2　常用测量仪表

（1）万用表

万用表是检测洗衣机电路系统的主要工具，电路是否存在断路或短路故障，电路中的部件性能是否良好，是否存在接触不良等情况，都可以通过万用表来进行检测。

通常使用的万用表主要有指针式万用表和数字式万用表两种，具体实物外形如图 1-9 所

示。指针式万用表更能很好地体现检测时的变化量，尤其是对电容性能进行检测时，指针式万用表更能体现电容的充放电过程。而数字式万用表能够非常直观清晰地读出所检测器件的数值。

万用表的
特点与应用

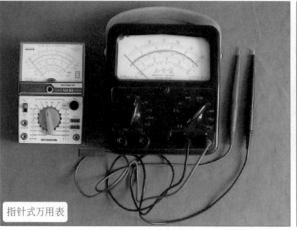

指针式万用表

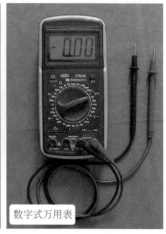

数字式万用表

图 1-9　常用的万用表

　　在检测洗衣机电路时，洗衣机电路是否存在短路或断路故障，电路中元器件性能是否良好，供电条件是否满足等都可使用万用表来进行检测。万用表的实物外形及适用场合如图 1-10 所示。

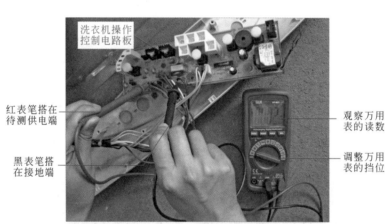

洗衣机操作
控制电路板

红表笔搭在
待测供电端

黑表笔搭
在接地端

观察万用
表的读数

调整万用
表的挡位

图 1-10　万用表的实物外形及适用场合

💡 提示

　　一般情况下，在使用万用表测量电压或电流时，要先对万用表进行挡位和量程的调整，然后再进行实际测量。习惯上，将万用表的红表笔搭在正极端，黑表笔连接负极端。

（2）兆欧表

　　兆欧表主要用于对绝缘性能要求较高的部件或设备进行检测，用以判断被测部件或设备中是否存在短路或漏电情况等。在检修洗衣机时，主要用于检测洗衣机绕组的绝缘性能。兆欧表的实物外形及适用场合如图1-11所示。

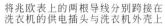

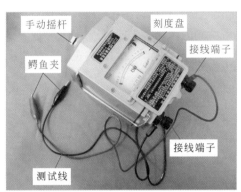
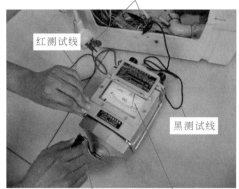

图1-11　兆欧表的实物外形及适用场合

（3）示波器

在对洗衣机控制电路中的控制芯片进行检测时，使用示波器能够更加快速和便捷地查找故障线索。图1-12为示波器的实物外形及检测应用。

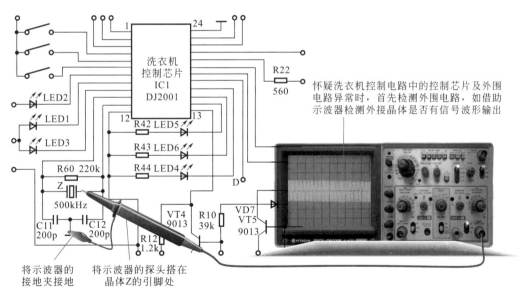

图1-12　示波器的实物外形及检测应用

1.2.3　常用清洁及辅助工具

（1）清洁剂

在对洗衣机进行检修后，要对电路板进行清洁操作，如果在维修后不对电路板进行清洁操作，在以后使用洗衣机的过程中，电路板上的污物会在高湿环境下受潮漏电，并可能引发新的故障。因此，在洗衣机维修操作结束后，一定要对维修焊接处残留的助焊剂进行清洁，

如图 1-13 所示为常用的清洁剂。

（2）毛刷、油画笔、吹气皮囊

毛刷可用来清洁打印机线路板上的灰尘和污物。一般在对洗衣机的线路板进行清洁时常选用宽度为 2.54～5.06cm 的毛刷。油画笔的笔毛比毛刷要硬挺一些，常使用它来清洁电路板上，在焊接操作后遗留下来的松香残渣和一些比较顽固的污渍，一般可选用 10 号或 8 号的油画笔对电路板进行清洁操作。利用吹气皮囊可以对不利于毛刷清洁的部位进行清洁以去除灰尘、污物。毛刷、油画笔、吹气皮囊如图 1-14 所示。

图 1-13　清洁剂

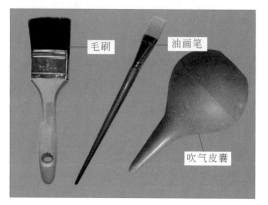

图 1-14　毛刷、油画笔、吹气皮囊

（3）棉签

棉签除了是清洁工具外，还可以作为给滚筒洗衣机减振器的阻尼器端加注润滑剂的工具，来增强阻尼器与气缸之间的润滑性，进而增强了减振器的减振能力，如图 1-15 所示。

（4）润滑油

润滑油主要是机油，润滑油起到润滑、减少摩擦的作用。洗衣机的有些部件因为长期与洗涤水接触容易被锈蚀，所以在修理过程中，会经常用到润滑油，对锈蚀的部件起到润滑的作用，如图 1-16 所示。

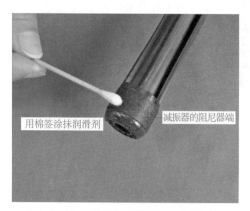

图 1-15　给阻尼器端加注润滑剂

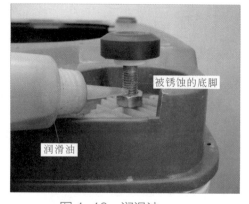

图 1-16　润滑油

（5）曲别针或短路线（跳线）

办公中常用的曲别针或短路线（跳线），在洗衣机故障维修阶段也可以作为辅助工具来应用。将程序控制器控制水位开关的输出端和安全开关输出端，分别采用曲别针进行短接，如图 1-17 所示。

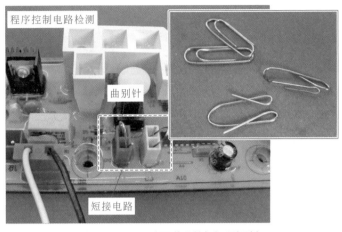

图 1-17　利用曲别针实现短接

电烙铁的
种类特点

1.2.4　常用焊接工具

（1）电烙铁

洗衣机元器件进行拆焊或焊接操作时，电烙铁是最常使用到的工具，其实物外形如图 1-18 所示。由于焊接的元器件种类不同，需要使用不同功率的电烙铁，在检修时最好各准备一把。

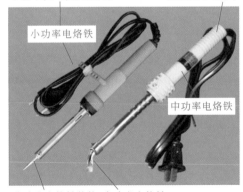

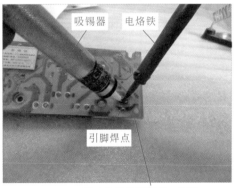

图 1-18　电烙铁的实物外形及适用场合

 提示

电烙铁使用完毕后，切记不要随意乱放。因为即使已经切断电源，电烙铁头的温度还是很高，随意乱放，极易引发烫伤或火灾等事故。所以，如图 1-19 所示，电烙铁在使用后，要立即切断电源，并将其放置于电烙铁架上，自然冷却。

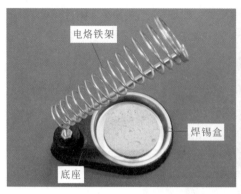

图 1-19　电烙铁架实物外形及适用场合

（2）吸锡器

吸锡器主要用于在取下洗衣机电路板中的元器件时，吸除引脚和焊点周围多余的焊锡。如图 1-20 所示为吸锡器的实物外形和适用场合。

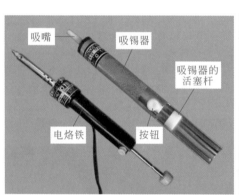

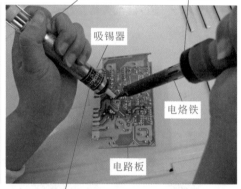

图 1-20　吸锡器的实物外形及适用场合

 提示

> 　　使用吸锡器时，先压下吸锡器的活塞杆，再将吸嘴放置到待拆解元器件的焊点上，用电烙铁加热焊点，待焊点熔化后，按下吸锡器上的按钮，活塞杆就会随之弹起，通过吸锡装置，将熔化的焊锡吸入吸锡器内。

（3）焊接辅料

在焊接洗衣机中的元器件引脚焊点时，需要使用焊锡丝将元器件引脚与电路板印制线连接在一起，在焊接过程中为防止焊锡氧化，会使用助焊剂辅助焊接操作。常用的焊接辅料包括焊锡丝、松香和焊膏，图 1-21 所示为维修洗衣机常用到的焊接辅料。

图 1-21　维修洗衣机常用到的焊接辅料

💡 提示

焊锡丝是易熔金属，熔点低于被焊金属，它的作用是在熔化时能在被焊金属表面形成合金而将被焊金属连接到一起；

松香在焊接过程中有清除氧化物和杂质的作用，在焊接后形成膜层，具有覆盖和保护焊点不被氧化的作用；

焊膏的黏性提供了一种黏结能力，在元器件与焊盘形成永久的冶金结合以前，元器件可以保持在焊盘上而无需再加其他的黏结剂。

第/2/章
洗衣机结构组成

2.1 波轮式洗衣机的结构组成

（1）波轮式洗衣机的整机结构

波轮式洗衣机又称为涡旋式洗衣机，它是由电动机通过传动机构带动波轮做正向和反向旋转（或单向连续转动），利用水流与洗涤物的摩擦和冲刷作用进行洗涤的。图 2-1 所示为典型波轮式洗衣机的整机结构。

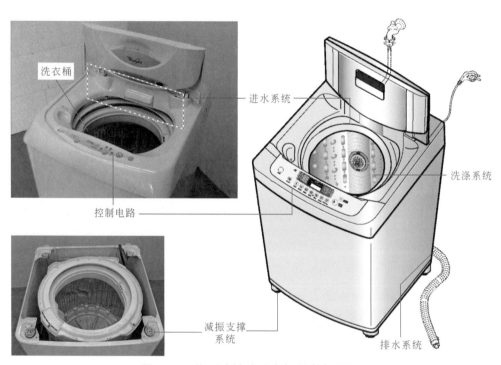

图 2-1　典型波轮式洗衣机的整机结构

由图 2-1 可知，波轮式洗衣机主要是由进水系统、排水系统、洗涤系统、减振支撑系统以及控制电路部分构成的。

（2）进水系统

波轮式洗衣机的进水系统主要是用来实现合理地控制洗衣机内水位的高低。波轮式洗衣机中的进水系统主要是由进水电磁阀、水位开关以及进水管等构成的，如图 2-2 所示。

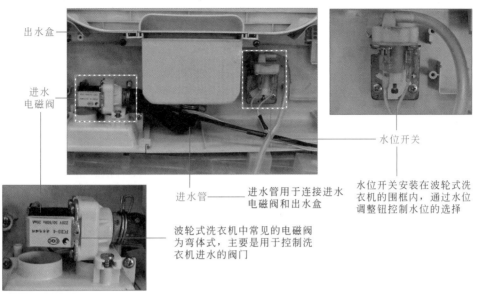

出水盒

进水电磁阀

进水管 —— 进水管用于连接进水电磁阀和出水盒

波轮式洗衣机中常见的电磁阀为弯体式，主要是用于控制洗衣机进水的阀门

水位开关

水位开关安装在波轮式洗衣机的围框内，通过水位调整钮控制水位的选择

图 2-2　典型波轮式洗衣机中的进水系统

（3）排水系统

波轮式洗衣机中排水系统的作用是在洗衣机完成洗涤工作后，将洗涤桶内的水排出，通常情况下，洗衣机的排水系统位于洗衣机的下方，如图 2-3 所示。

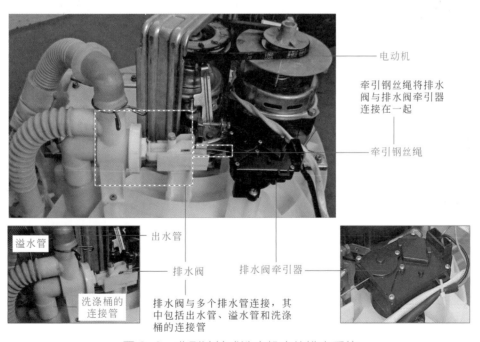

电动机

牵引钢丝绳将排水阀与排水阀牵引器连接在一起

牵引钢丝绳

溢水管

出水管

洗涤桶的连接管

排水阀

排水阀牵引器

排水阀与多个排水管连接，其中包括出水管、溢水管和洗涤桶的连接管

图 2-3　典型波轮式洗衣机中的排水系统

（4）洗涤系统

洗涤系统将电动机的动力传递给波轮，由波轮对洗涤桶内的衣物进行洗涤，从而带动洗衣机工作的部分，如图 2-4 所示。

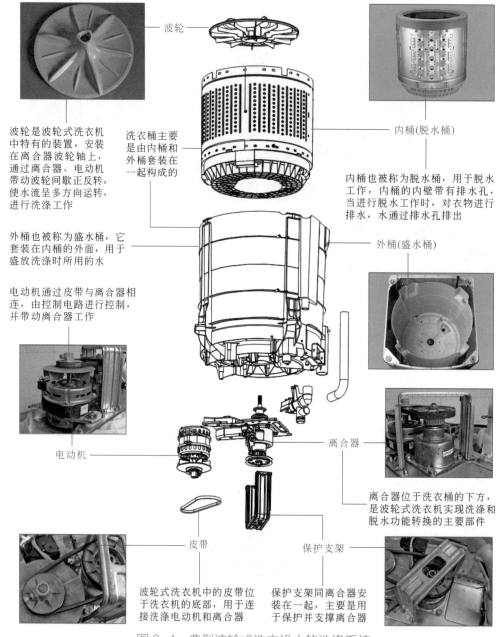

波轮

波轮是波轮式洗衣机中特有的装置，安装在离合器波轮轴上，通过离合器、电动机带动波轮间歇正反转，使水流呈多方向运转，进行洗涤工作

洗衣桶主要是由内桶和外桶套装在一起构成的

内桶（脱水桶）

内桶也被称为脱水桶，用于脱水工作，内桶的内壁带有排水孔，当进行脱水工作时，对衣物进行排水，水通过排水孔排出

外桶也被称为盛水桶，它套装在内桶的外面，用于盛放洗涤时所用的水

外桶（盛水桶）

电动机通过皮带与离合器相连，由控制电路进行控制，并带动离合器工作

电动机

离合器

离合器位于洗衣桶的下方，是波轮式洗衣机实现洗涤和脱水功能转换的主要部件

皮带

保护支架

波轮式洗衣机中的皮带位于洗衣机的底部，用于连接洗涤电动机和离合器

保护支架同离合器安装在一起，主要是用于保护并支撑离合器

图2-4 典型波轮式洗衣机中的洗涤系统

(5) 减振支撑系统

波轮式洗衣机的盛水桶和脱水桶用底板托住，在底板下面固定有电动机，这一整套部件都是依靠减振支撑系统（吊杆组件）悬挂在外箱体上部的四只箱角上。吊杆组件除起吊挂作用外，还起着减振作用，以保证洗涤、脱水时的动平衡和稳定，如图2-5所示。

(6) 电路系统

波轮式洗衣机的电路系统是整机的控制中心，主要是以控制电路为核心，与洗衣机中的电动机、进水电磁阀、排水组件等机电器件通过连接线进行连接，构成了电路部分。在控制电路的操控下，洗衣机可完成各项洗衣工作，如图2-6所示。

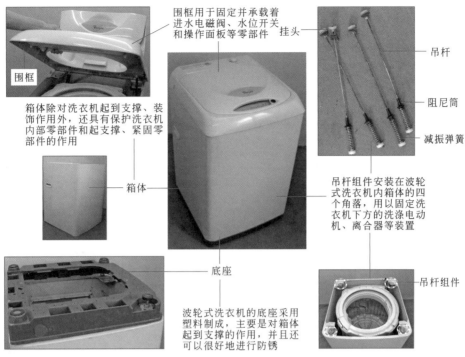

围框用于固定并承载着
进水电磁阀、水位开关
和操作面板等零部件

围框

箱体除对洗衣机起到支撑、装饰作用外，还具有保护洗衣机内部零部件和起支撑、紧固零部件的作用

箱体

底座

波轮式洗衣机的底座采用塑料制成，主要是对箱体起到支撑的作用，并且还可以很好地进行防锈

挂头

吊杆

阻尼筒

减振弹簧

吊杆组件安装在波轮式洗衣机内箱体的四个角落，用以固定洗衣机下方的洗涤电动机、离合器等装置

吊杆组件

图 2-5　典型波轮式洗衣机中的减振支撑系统

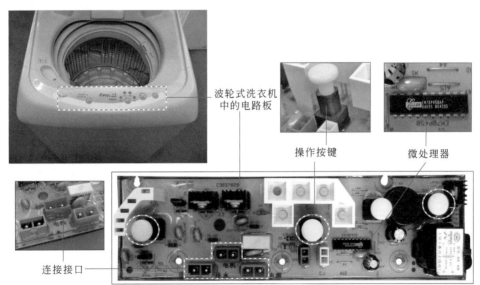

波轮式洗衣机中的电路板

操作按键

微处理器

连接接口

图 2-6　波轮式洗衣机的电脑式操作控制电路

2.2　滚筒式洗衣机的结构组成

（1）滚筒式洗衣机的整机结构

滚筒式洗衣机是将洗涤的衣物放入水平（或接近水平）放置的洗涤桶内，使衣物一部分浸入水中，通过滚筒正向和反向转动，使衣物在桶内翻滚、碰撞、摩擦，从而达到洗涤的目的。图 2-7 为典型滚筒式洗衣机的整机结构图。滚筒式洗衣机主要由不同功能的部件组成，这些部件都固定在滚筒式洗衣机的箱体上。

滚筒式洗衣机
的内部结构

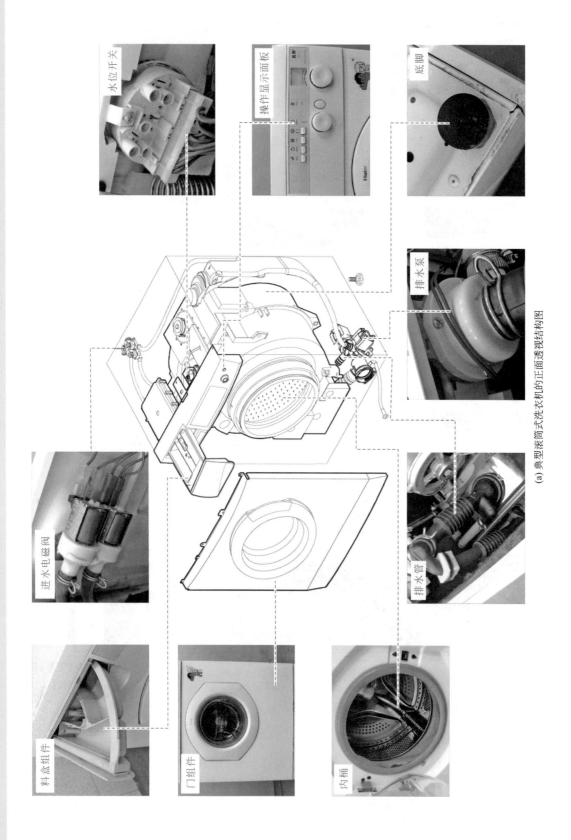

水位开关

操作显示面板

底脚

排水泵

进水电磁阀

排水管

料盒组件

门组件

内桶

(a) 典型滚筒式洗衣机的正面透视结构图

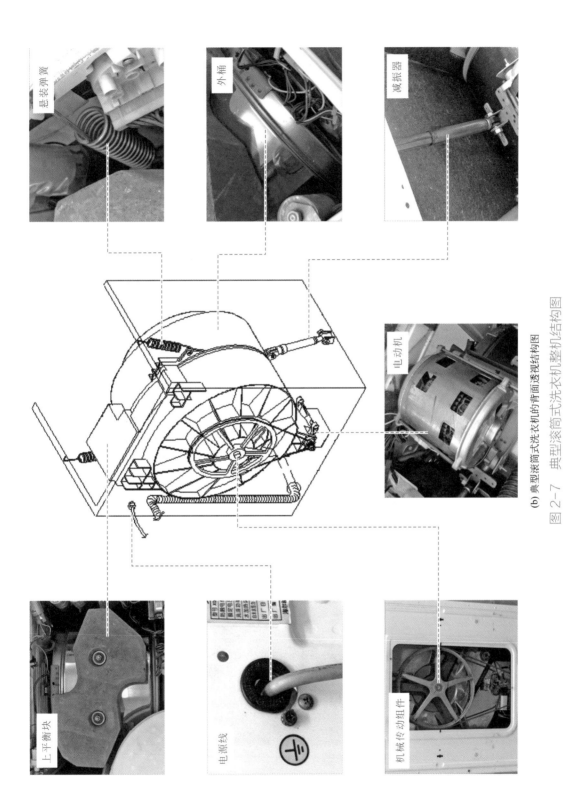

悬装弹簧

外桶

减振器

电动机

上平衡块

电源线

机械传动组件

(b) 典型滚筒式洗衣机的背面透视结构图

图 2-7　典型滚筒式洗衣机整机结构图

从图2-7（a）中可看到滚筒式洗衣机中的操作显示面板、门组件、内桶、水位开关、料盒组件、排水泵、进水电磁阀、排水管和底脚等。从图2-7（b）中可看到滚筒式洗衣机中的上平衡块、电源线、悬装弹簧、外桶、减振器、电动机和机械传动组件等。

（2）操作显示面板

通过按动和旋转操作显示面板上的功能键来启动洗衣机，选取所需的洗涤方式和洗涤时间。

（3）门组件

滚筒式洗衣机的门组件是用来取放衣物的，当滚筒式洗衣机处于停机状态时，按动操作显示面板上的门开关按钮，将门打开，放入需要洗涤的衣物，然后将门关上，如图2-8所示。选择适合的洗涤时间和洗涤方式后，滚筒式洗衣机开始工作，在滚筒式洗衣机工作过程中，不可试图将门打开，只有在滚筒式洗衣机停止工作或断电时才可打开。如图2-9所示，在滚筒式洗衣机工作过程中，按动门开关，门无动作。

图2-8　滚筒洗衣机门组件的工作过程

图2-9　洗涤过程中按动门开关

（4）内桶

滚筒式洗衣机的内桶采用不锈钢薄板制成，在内桶的内侧设有3条提升筋，向内桶内侧突起，内桶周围布满了圆形的小孔，在内桶的衣物投入口设有橡胶圈，来保证滚筒式洗衣机工作时的良好密封性，如图 2-10 所示。

橡胶圈

提升筋

圆形小孔

图 2-10　内桶

在滚筒式洗衣机工作过程中，内桶不停地旋转，其旋转的动力是通过电动机的转动来带动的。

（5）水位开关

滚筒式洗衣机的水位开关也称作压力开关，其作用是用来检测和控制滚筒式洗衣机的进水量和排水量，如图 2-11（a）所示。

（6）料盒组件

滚筒式洗衣机的料盒组件是用于盛放洗涤剂的装置。将洗涤剂放入料盒中，关上料盒组件的门，开启滚筒式洗衣机，给水装置将供给的水喷洒在料盒中，然后将混合的洗涤液顺着进水管进入滚筒式洗衣机的内桶中，如图 2-11（b）所示。

（7）排水泵

滚筒式洗衣机通常采用排水泵进行排水，将洗涤后桶中的污水排出洗衣机外，排水泵又分为采用同步电动机的永磁式排水泵和采用开启式罩极电动机的单相罩极式排水泵，如图 2-11（c）所示。

（8）进水电磁阀

滚筒式洗衣机采用进水电磁阀进行给水，进水电磁阀又可分为直体式进水电磁阀和弯体式进水电磁阀，如图 2-11（d）所示。

（9）排水管

排水管是用来将废水排出滚筒式洗衣机的通道。

（10）底脚

通常滚筒式洗衣机的底脚都为可调式底脚，可通过调节底脚的高度来使滚筒式洗衣机平稳，以保证滚筒式洗衣机在工作过程中不会晃动。

（11）上平衡块

上平衡块固定在滚筒式洗衣机外桶的上端，用来保证滚筒式洗衣机的滚筒在转动过程中的平衡。

(a) 水位开关

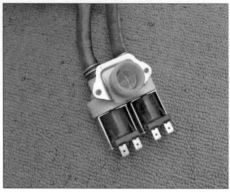

(b) 料盒组件

(c) 排水泵

(d) 进水电磁阀

图 2-11 水位开关、料盒组件、排水泵、进水电磁阀

（12）电源线

通过插接电源线插头将 220V 的电压输送到滚筒式洗衣机中，来保证洗衣机的正常工作电压。

（13）吊装弹簧

吊装弹簧一端的挂钩挂在外桶上，另一端挂在滚筒式洗衣机的箱体上，将外桶悬挂在滚筒式洗衣机的箱体内，使滚筒在工作过程中稳定，如图 2-12（a）所示。

（14）减振器

滚筒式洗衣机在高速旋转过程中，滚筒内的衣物偏心过重，滚筒振动过大，通过减振器来减小洗衣机的振动，从而增加了滚筒式洗衣机的使用寿命，如图 2-12（b）所示。

（15）电动机

电动机是滚筒式洗衣机工作时滚筒转动的主要动力来源，通过电动机的转动，由带轮和传动带带动滚筒转动，来实现滚筒式洗衣机的正常工作，如图 2-12（c）所示。

（16）外桶

滚筒式洗衣机的外桶内套有内桶，是用于盛放洗涤用水的装置，通过吊装弹簧和减振器进行悬吊，如图 2-12（d）所示。

（17）机械传动组件

机械传动组件主要包括带轮和传动带，主要是带动滚筒式洗衣机内滚筒的转动，如图 2-12（d）所示。

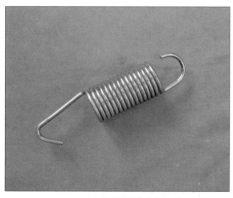

(a) 吊装弹簧

外桶

机械传动组件

(b) 减振器

(c) 电动机

(d) 外桶和机械传动组件

图 2-12　吊装弹簧、减振器、电动机、外桶机械传动组件

（18）程序控制器

　　滚筒式洗衣机的内部设有程序控制器，通过输入人工指令，程序控制器得到相应的指令后，对洗衣机的动作过程统一指挥，来控制滚筒式洗衣机的整个工作过程。如图 2-13 所示为程序控制器的实物图。

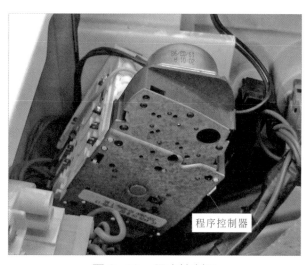

程序控制器

图 2-13　程序控制器

（19）温度控制器

　　滚筒式洗衣机的温度控制器是用于控制加热器工作温度的，通过转动滚筒式洗衣机的温度旋钮，从而控制滚筒内水的温度，如图 2-14 所示。

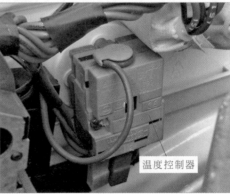

图 2-14　温度控制器

波轮式洗衣机
的洗涤原理

3.1 波轮式洗衣机的工作原理

3.1.1 波轮式洗衣机的洗涤原理

波轮式洗衣机采用波轮转动的洗涤方式，利用水流与洗涤物的摩擦和冲刷作用来完成衣物的洗涤，其中波轮的转动是由传动机构带动波轮做正向和反向的旋转。

图 3-1 所示为典型波轮式洗衣机的洗涤过程。

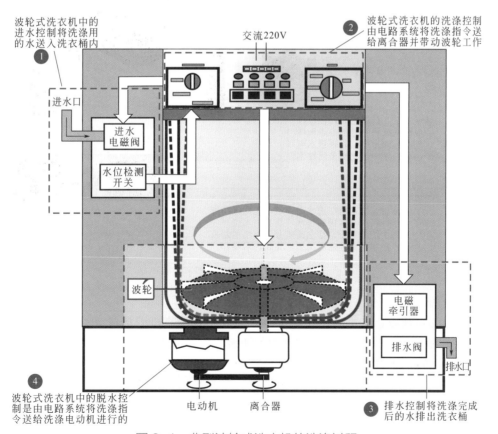

图 3-1 典型波轮式洗衣机的洗涤过程

3.1.2 波轮式洗衣机的控制原理

为了便于理解波轮式洗衣机的整机工作原理，我们通常将波轮式洗衣机整机划分为4个阶段，即进水控制、洗涤控制、排水控制、脱水控制。

（1）进水控制

将波轮式洗衣机通电，并将上盖关闭，通过电路部分中的操作显示面板输入洗涤方式、启动洗涤等人工控制指令后，控制电路输出控制进水系统的控制指令。此时进水系统中的进水电磁阀开启并进行注水，随着洗涤桶中水位的不断上升，洗涤桶内的水位由水位开关检出，通过水位开关内触点开关的转换来使控制电路控制进水电磁阀的断电，停止进水工作。

💡 **提示**

> 波轮式洗衣机中的进水控制过程主要是由电路部分进行控制的，如进水系统中的进水电磁阀主要是受电路部分控制，只有当电路部分正常输出进水控制指令时，电磁阀才可以开启并进行进水操作，具体的控制关系如图3-2所示。

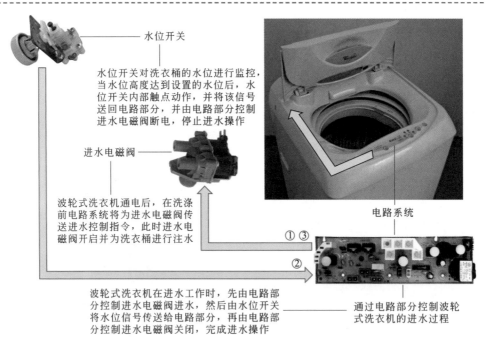

图3-2 进水系统与电路间的控制关系

（2）洗涤控制

当进水电磁阀停止进水后，控制电路接通波轮式洗衣机的洗涤电动机，洗涤电动机运转后通过机械传动系统将电动机的动力传递给波轮，对洗涤桶内的衣物进行洗涤。洗涤时，电动机运转，通过减速离合器，降低转速，并带动波轮间歇正反转，进行衣物的洗涤操作。在洗涤过程中，洗涤桶不停地转动，当波轮旋转带动衣物时会产生离心力，洗涤桶前后左右地移动。此时，可以通过减振支撑装置中的吊杆组件保持洗涤桶工作过程中的平衡。

提示

波轮式洗衣机中的洗涤控制均是由电路部分进行控制的，电路部分将驱动电压传送到洗涤电动机，并由电动机带动波轮式洗衣机进行洗涤工作，具体控制关系如图 3-3 所示。

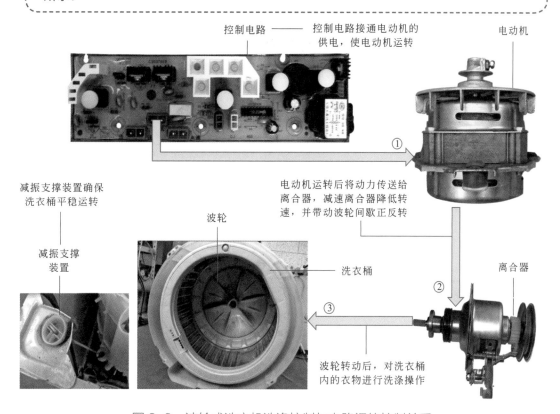

图 3-3　波轮式洗衣机洗涤控制与电路间的控制关系

（3）排水控制

洗涤结束后，需要进行排水操作，排水程序开始时，排水电磁铁由于线圈通电而吸合衔铁。衔铁通过排水阀杆拉开排水阀中与橡皮密封膜连成一体的阀门，洗涤后的污水因阀门开放而排到机外。排水结束后，电磁铁因线圈断电而将衔铁释放，阀中的压缩弹簧推动橡皮密封膜，使阀门与阀体端口平面贴紧，排水阀关闭，完成排水操作。

提示

波轮式洗衣机进行排水工作时，主要是由电路部分发出控制信号控制排水阀牵引器，通过对排水阀牵引器内线圈的控制从而控制排水阀的开关状态，如图 3-4 所示。

（4）脱水控制

洗衣机排水工作完成后，随即进入脱水工作。由控制电路控制启动电容启动电动机在脱水状态的绕组工作，实现电动机的高速运转。同时通过离合器，带动洗涤脱水桶顺时针方向高速运转，靠离心力将吸附在衣物上的水分甩出桶外，起到脱水作用。

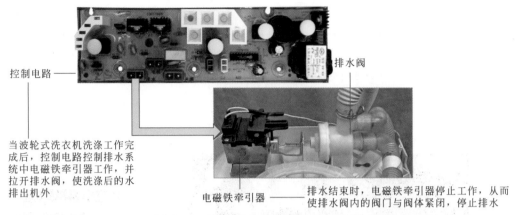

控制电路

排水阀

当波轮式洗衣机洗涤工作完成后，控制电路控制排水系统中电磁铁牵引器工作，并拉开排水阀，使洗涤后的水排出机外

电磁铁牵引器

排水结束时，电磁铁牵引器停止工作，从而使排水阀内的阀门与阀体紧闭，停止排水

图 3-4　排水系统与电路系统的关系

　　波轮式洗衣机安全装置中的安全门开关主要用于波轮式洗衣机通电状态的安全保护，可直接控制电动机的电源。当洗衣机处于工作状态时，打开洗衣机门，洗衣机将立即停止工作。

　　波轮式洗衣机的盛水桶和脱水桶用底板托住，在底板下面固定有电动机，这一整套部件都是依靠减振支撑系统（吊杆组件）悬挂在外箱体上部的四只箱角上。吊杆组件除起吊挂作用外，还起着减振作用，以保证洗涤、脱水时的动平衡和稳定。

3.2　滚筒式洗衣机的工作原理

3.2.1　滚筒式洗衣机的洗涤原理

　　滚筒式洗衣机的洗涤原理是将衣物放入滚筒内，部分浸入水中，依靠滚筒定时的正反转或连续转动，带动衣物进行洗涤操作。即衣物在桶内翻滚，通过相互产生的碰撞、摩擦，并在洗涤液的作用下将污物从衣物上脱离，从而达到洗净衣物的目的，如图 3-5 所示。

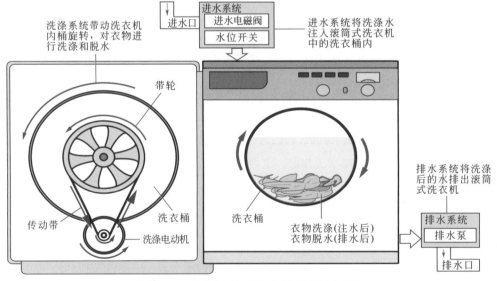

洗涤系统带动洗衣机内桶旋转，对衣物进行洗涤和脱水

进水系统
进水口
进水电磁阀
水位开关

进水系统将洗涤水注入滚筒式洗衣机中的洗衣桶内

带轮

传动带

洗涤电动机

洗衣桶

洗衣桶

衣物洗涤(注水后)
衣物脱水(排水后)

排水系统将洗涤后的水排出滚筒式洗衣机

排水系统
排水泵

排水口

图 3-5　典型滚筒式洗衣机的洗涤原理

3.2.2 滚筒式洗衣机的控制原理

为了便于理解滚筒式洗衣机的整机工作原理，我们通常将滚筒式洗衣机的工作过程划分为4个阶段，即进水控制、洗涤控制、排水控制、脱水控制。

（1）进水控制

当滚筒式洗衣机通电时，由电路部分给排水系统的进水电磁阀发送开启指令，并开启进水电磁阀开始注水。而随着外桶中水位的不断上升，水位开关中气室口处的气压也随之升高，进而启动不同水位控制开关。而当达到程序控制器设定模式所需的水位后，进水电磁阀停止工作，洗衣机的电动机开始运转，进行衣物的洗涤操作。

💡 提示

进水过程中的进水电磁阀受电路部分的控制，电路系统输出进水控制指令，电磁阀开启并进行注水，水位的高低受水位开关控制，如图3-6所示。

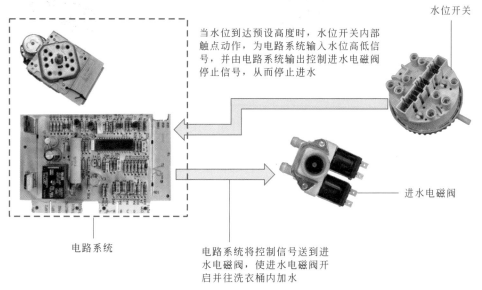

图 3-6 滚筒式洗衣机中进水控制的关系

（2）洗涤控制

当滚筒式洗衣机完成进水后，由电路部分发现人工指令，通过洗涤系统中的电动机带动洗衣机的内桶运转，对洗衣机进行洗涤操作。在运转的过程中，通过程序控制电路板控制电动机的运转速度。在洗衣机的工作过程中，程序控制器的机械控制装置控制电动机的启动和制动，通过对启动电路进行控制实现电动机在洗涤和脱水两种状态下的运转速度。

 提示

洗涤传动系统的工作状态主要由电路系统进行控制，电路系统将驱动电源传送给电动机，并由电动机带动滚筒式洗衣机进行洗涤工作，如图3-7所示。

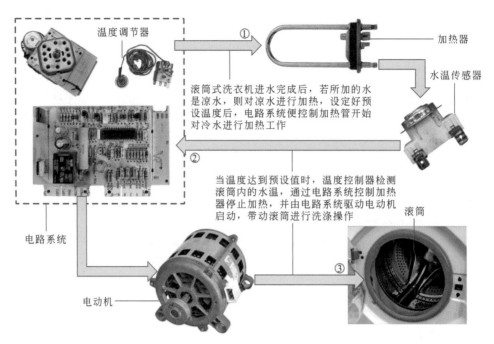

图 3-7　滚筒式洗衣机中洗涤控制的关系

（3）排水控制

　　滚筒式洗衣机完成洗涤操作后，排水系统开始工作。排水泵的电路接通后，排水泵开始工作，水流随着排水泵叶轮运转时产生的吸力，通过排水泵的出水口排放到洗衣机机外。当排水工作结束后，水位开关的气压逐渐降低，触动程序控制器后，切断排水泵的电路，排水泵停止工作。

 提示

　　排水系统工作时，主要是由电路部分控制排水阀牵引器，通过对排水阀牵引器内线圈的控制从而控制排水阀的开关状态，如图 3-8 所示。

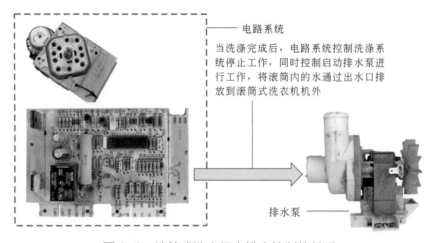

图 3-8　滚筒式洗衣机中排水控制的关系

（4）脱水控制

洗衣机排水工作完成后，随即进入脱水工作。由电路部分启动电容启动电动机在脱水状态的绕组工作，实现电动机的高速运转，同时带动内桶高速旋转，衣物上吸附的水分在离心力的作用下，通过内桶壁上的排水孔甩出桶外，实现洗衣机的脱水功能。

 提示

> 滚筒式洗衣机在工作过程中，通过固定在外桶四周的减振支撑系统确保洗衣机的平衡，保障洗衣机在大力晃动下依旧稳定地工作。

第 4 章

洗衣机的故障特点和检修流程

4.1 波轮式洗衣机的故障特点和检修流程

对波轮式洗衣机进行检修之前，应先了解其普遍存在的故障现象，并掌握故障检修思路，以便根据检修流程查找到确切的故障点。

4.1.1 波轮式洗衣机的故障特点

波轮式洗衣机常见的故障现象主要有不能给水、给水不止、不能洗涤、不能脱水、不能排水、排水不止、噪声过大等。故障现象具体描述如下：

① 不能给水是指洗衣机不能通过给水系统将水源送入洗衣桶内的故障现象；

② 给水不止是指洗衣机通过给水系统加注水源时，待到达预定水位后，不能停止进水的故障现象；

③ 不能洗涤是指洗衣机不能实现洗涤工作；

④ 不能脱水是指洗衣机不能实现脱水工作；

⑤ 不能排水是指洗衣机洗涤完成以后，不能通过排水系统排出洗衣桶内的水；

⑥ 排水不止是指洗衣机总是处于排水操作中，无法停止；

⑦ 噪声过大是指洗衣机在工作过程中产生异常的声响，严重时造成不能正常工作。

4.1.2 波轮式洗衣机常见故障的检修流程

当洗衣机不能正常给水时，应按照如图 4-1 所示的检修流程进行检修，即：将进水管连接到洗衣机进水口和水龙头上，接通洗衣机电源，按下"启动"钮，检查进水电磁阀供电电压是否正常，若不正常则故障点是程序控制器，若正常，接下来查看进水电磁阀的连接数据线是否正常，若正常，则故障点就是进水电磁阀，若不正常，将数据连接线重新插拔或是更换。

当洗衣机给水不能正常停止时，应按照如图 4-2 所示的检修流程进行检修，即：断开电源，打开接好的进水管水龙头，此时查看出水口，如果有进水现象，则说明故障点在进水电磁阀。如不进水，将洗衣机电源接通，再查看出水口，如果有进水现象，则说明故障点在程序控制器。如仍不进水，启动洗衣机，此时洗衣机进水，再将水位开关设置不同的挡位，依然查看出水口，若还是没有进水现象，则应重新确定故障，若出现进水不止现象，则应查看是否有漏水现象。若排水系统出现漏水，则故障点为排水阀；若没有漏水，则应查看盛水桶及导气管是否有碎裂或漏气。要是发现了碎裂和漏气点，则应对其进行修补或更换盛水桶；如果没有发现，则应重新确认故障。

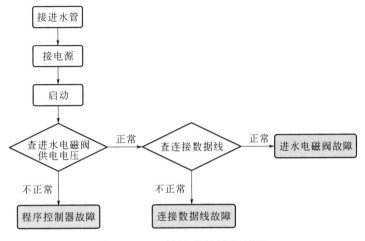

图 4-1　不能给水的检修流程

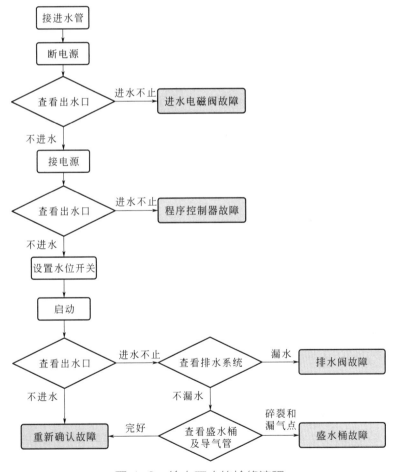

图 4-2　给水不止的检修流程

当洗衣机不能正常洗涤时，应按照如图 4-3 所示的检修流程进行检修，即：断开电源，查看电动机绕组的阻值，若不正常，则故障出在电动机本身上。若绕组阻值正常，则应检测启动电容是否正常，若不正常，则故障出现在启动电容上。若启动电容正常，则启动洗衣机，然后检查电动机的供电电压，也就是程序控制器，如果程序控制器供电不正常，则故障就是由程序控制器的控制电路引起的。如果供电正常，则是由于电动机出现了卡住或堵死的现象。

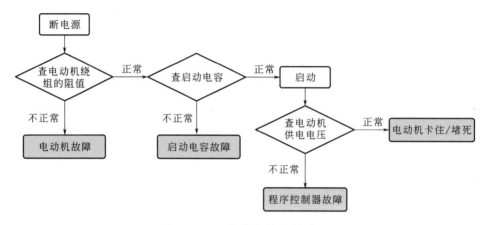

图 4-3　不能洗涤的检修流程

当洗衣机不能正常脱水时，应按照如图 4-4 所示的检修流程进行检修，即：接通电源，启动洗衣机，检查排水阀牵引器的动作，如果牵引器不能动作，则说明故障出在程序控制器的控制上或是牵引器本身。如果牵引器能动作，并且带动离合器刹车臂运动，此时，应查看刹车臂与挡块之间的距离是否正常，如不正常，则应调整距离，如正常，则是离合器本身出现了故障。

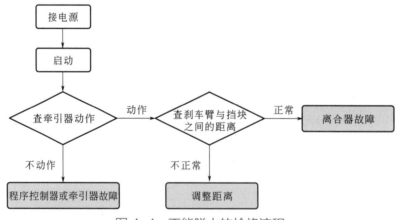

图 4-4　不能脱水的检修流程

当洗衣机不能正常排水时，应按照如图 4-5 所示的检修流程进行检修，即：将洗衣机程序设置成脱水状态，启动洗衣机，查看牵引器的动作，如牵引器与离合器刹车臂之间的动作良好，则可能是排水管路堵塞引起的不能排水。如果牵引器不能动作，应检查牵引器的供电，从而进一步判断是供电电路（程序控制器）故障，还是牵引器本身故障。

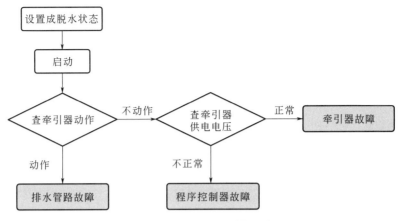

图 4-5　不能排水的检修流程

当洗衣机排水不止，应按照如图 4-6 所示的检修流程进行检修，即：将洗衣机设置成洗涤状态，并启动洗衣机，查看牵引器是否动作。由于是洗涤状态，牵引器若动作，则说明程序控制器中的供电电路出现故障。若不动作，则应查看排水管路是否堵塞。如果排水管路畅通，则有可能是牵引器本身损坏引起的排水不止现象。

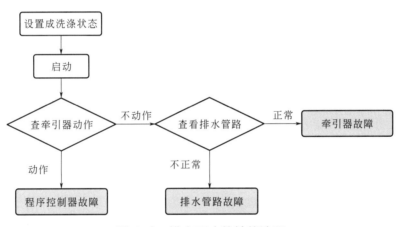

图 4-6　排水不止的检修流程

当洗衣机在洗衣过程中噪声过大，应按照如图 4-7 所示的检修流程进行检修，即：先查看洗涤衣物的放置情况，一般来说，如果衣物放置太过偏向一侧，则应将衣物重新放置。接下来查看洗衣机放置是否平稳，如不平稳，可通过底脚调节洗衣机的平衡状态。最后，应查看减振支撑装置是否出现脱落现象，并及时将其重新安装好。

图 4-7　噪声过大的检修流程

4.2 滚筒式洗衣机的故障特点和检修流程

对滚筒式洗衣机进行检修之前，应先了解其普遍存在的故障现象，并掌握故障检修思路，以便根据检修流程查找到确切的故障点。

4.2.1 滚筒式洗衣机的故障特点

滚筒式洗衣机常见的故障现象及其原因见表 4-1。

表 4-1 滚筒式洗衣机常见故障及其原因

故障	原因
进水故障	进水阀动作后，8min 内没有达到预定水位或 25min 内没有达到指定水位
不平衡故障	洗衣机倾斜 衣物几乎在桶内的一边 没有展开的衣物被放入桶内
排水故障	排水 8min 内没有达到空水位
溢水故障	桶内水过量，导致水被自动排出
水位感知故障	水位控制器失灵
门故障	门打开时，按下"启动 / 暂停"键 门锁开关失效
洗涤加热故障	加热器失灵

4.2.2 滚筒式洗衣机常见故障的检修流程

滚筒式洗衣机若出现进水故障，可按照图 4-8 所示的检修流程进行检测；若出现排水故障，则可按照图 4-9 所示的检修流程进行检测；若出现洗涤故障，则可按照图 4-10 所示的检修流程进行检测；若出现异音故障，则可按照图 4-11 所示的检修流程进行检测。

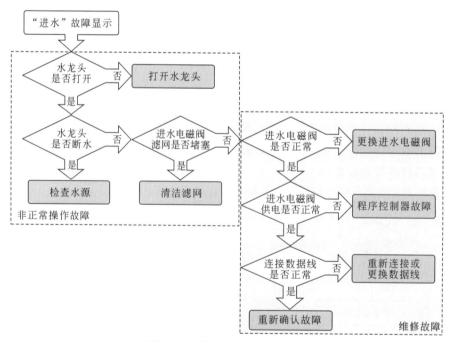

图 4-8 进水故障检修流程

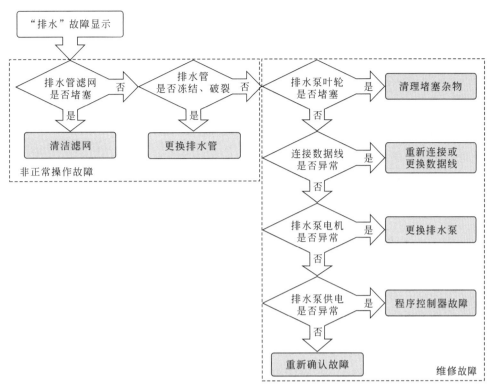

图 4-9　排水故障检修流程

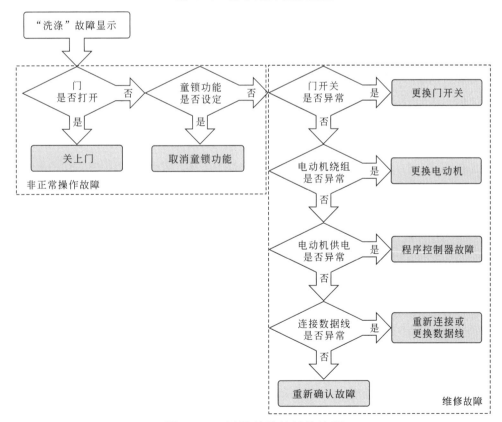

图 4-10　洗涤故障的检修流程

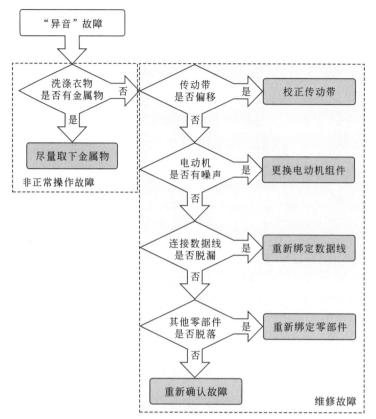

图 4-11 异音故障的检修流程

　　滚筒式洗衣机维修人员掌握常见故障检修流程，对于维修滚筒式洗衣机起到了指导性的作用，能够帮助维修人员快速查找故障点。

第 **5** 章

洗衣机的拆卸

5.1 波轮式洗衣机的拆卸

5.1.1 波轮式洗衣机的拆卸流程

拆装波轮式洗衣机是进行波轮式洗衣机维修操作的前提，掌握正确的操作方法和步骤，对于准确、高效拆装波轮式洗衣机，提高维修效率十分关键。在进行波轮式洗衣机的拆装操作之前，应首先了解并熟悉其基本的拆装流程。

波轮式洗衣机根据产品型号、规格及性能的不同，内部结构虽然存在细微差异，但基本的拆装流程十分相似，这里我们从维修角度，将波轮式洗衣机的拆装划分成几部分，如图5-1所示。

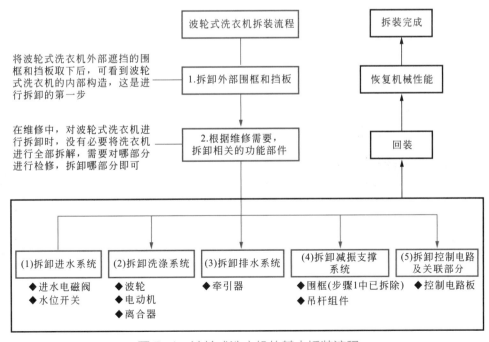

图 5-1　波轮式洗衣机的基本拆装流程

提示

> 由于波轮式洗衣机内部结构设计的独特性，其大多功能部件关联紧密。在拆装时，常常会遇到某些功能部件无法单纯对其进行拆装，而需要先将遮挡或关联的部件拆卸后，才能进行拆装操作；或拆装一半时受到其他部件阻挡，需要将阻挡部分拆卸后，再回到原部件的拆卸操作中。即拆装过程存在交叉或重复性操作，这也是洗衣机拆装操作不同于其他家电产品的重要特点，了解该特点对掌握洗衣机的拆装操作十分重要。
>
> 另外，在进行拆装操作前应从以下几个方面多加注意：
> ① 拆装波轮式洗衣机前，应确保断电；
> ② 拆装波轮式洗衣机时，应选择合适的拆装工具；
> ③ 拆装波轮式洗衣机时，应注意保持波轮式洗衣机原本的外观及机械性能；
> ④ 拆装波轮式洗衣机时，应注意防振和外壳保护；
> ⑤ 拆装波轮式洗衣机的接插件时，要记清接插件连接位置，以免回装错误；
> ⑥ 拆装波轮式洗衣机后，应注意检查有无疏漏，工具、螺钉、螺母有无遗落等。

5.1.2　围框的拆装

围框用于封闭和固定洗衣机内部的操作显示面板、进水电磁阀等部件。对围框进行拆卸时，可首先找到围框的挡片和固定螺钉，并将其取下，然后找到位于围框内侧与其他部件关联的部位，将关联部位分离即可。

洗衣机围框
的拆卸

图 5-2 所示为波轮式洗衣机的上盖和围框，上盖固定在围框上，而围框上又包括操作显示面板、水位调节钮和进水口。

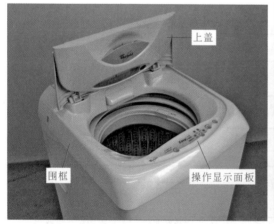
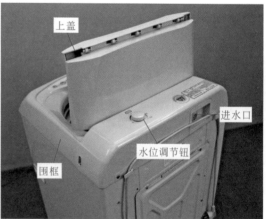

图 5-2　波轮式洗衣机的上盖和围框

① 围框由 4 个螺钉固定，其中 2 个在围框的背面，使用合适的螺丝刀即可取下，如图 5-3 所示；另外 2 个在操作显示面板附近，由塑料帽覆盖，取下时应先使用一字螺丝刀将塑料帽撬开，然后再使用合适的螺丝刀将里面的螺钉取下来，如图 5-4 所示。

图 5-3　取下围框背面的固定螺钉

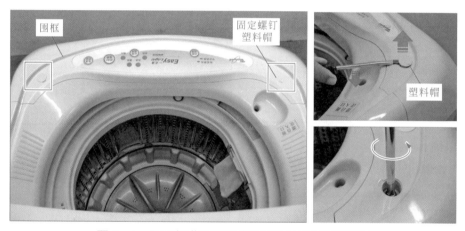

图 5-4　取下操作显示面板附近的围框固定螺钉

② 固定围框的螺钉都取下后，就可以将围框连同上盖向后掀起，如图 5-5 所示。

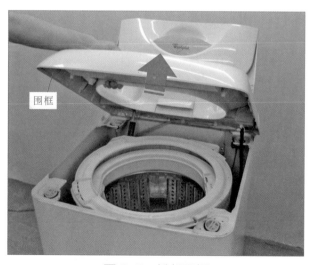

图 5-5　掀起围框

掀起围框并不意味着就可以将围框从整机上取下来，这是因为还有软水管和数据线与围框上的水位调节钮和操作显示面板相连，如图 5-6 所示。

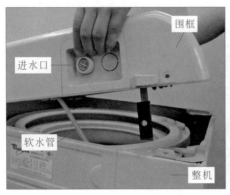
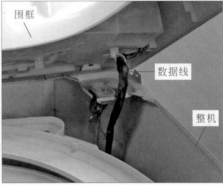

图 5-6　与围框相连的水管和数据线

③ 将与水位调节钮相连的软水管从固定卡扣上取下来，就可以将围框完全掀起，如图 5-7 所示。

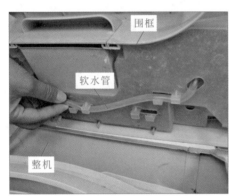
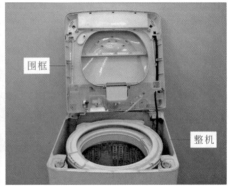

图 5-7　取下软水管

围框后半部分由一个半透明的塑料盖覆盖着，里面是安全门开关、进水电磁阀（进水口）和水位开关（水位调节钮），如图 5-8 所示。

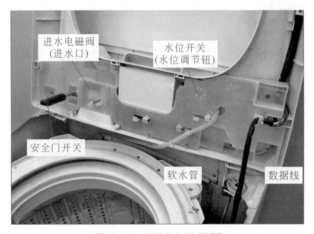

图 5-8　围框内的装置

④ 半透明的塑料盖由 6 个螺钉固定，使用合适的螺丝刀即可取下，如图 5-9 所示。

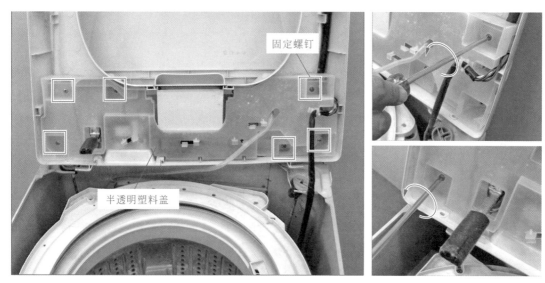

图 5-9　取下半透明塑料盖固定螺钉

⑤ 固定半透明塑料盖的螺钉都取下以后，就可以将该塑料盖取下来了，如图 5-10 所示，因为水位开关（水位调节钮）的软水管是穿过半透明塑料盖与整机中的气室相连的，所以取下时应注意不要将其损坏。

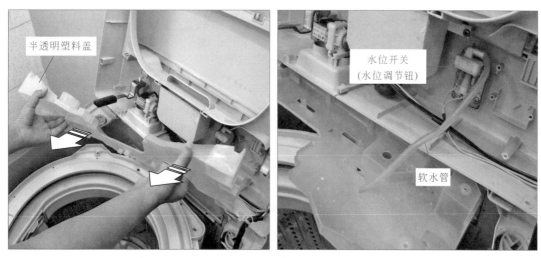

图 5-10　取下半透明塑料盖

5.1.3　进水电磁阀和出水盒的拆卸

取下半透明塑料盖之后，就可以看到安全门开关、进水电磁阀（进水口）和水位开关（水位调节钮），如图 5-11 所示。

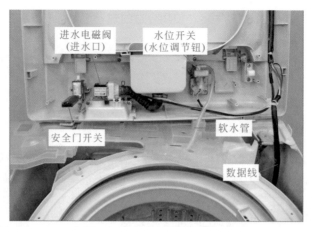

图 5-11　安全门开关、进水电磁阀、水位开关的位置

图 5-12 所示为进水电磁阀与出水盒，水源由进水口进入，通过进水电磁阀进行控制将水源送入出水盒中，最后经由出水盒送入盛水桶内。

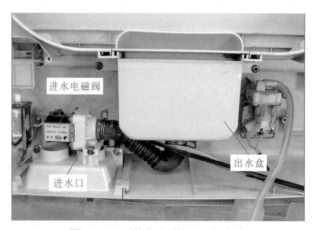

图 5-12　进水电磁阀和出水盒

① 出水盒有 2 个固定螺钉，使用合适的螺丝刀即可取下，如图 5-13 所示。

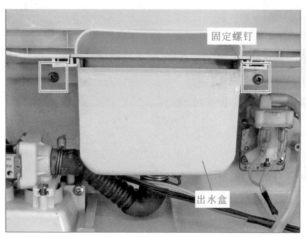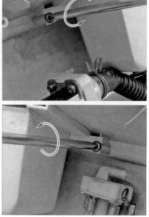

图 5-13　取下出水盒固定螺钉

② 进水电磁阀也由 2 个螺钉固定，同样使用合适的螺丝刀即可取下，如图 5-14 所示。

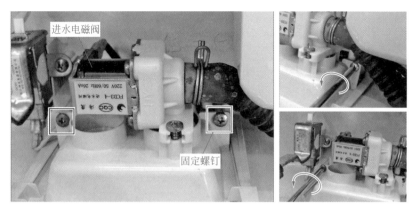

图 5-14　取下进水电磁阀固定螺钉

③ 进水电磁阀和出水盒的固定螺钉取下以后，就可以将其整个从围框上取下来，如图 5-15 所示。

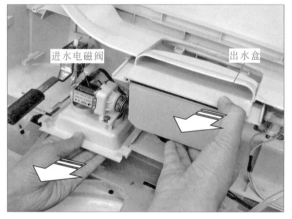

图 5-15　取下进水电磁阀和出水盒

进水电磁阀和
出水盒的拆卸

④ 进水电磁阀有 2 个引脚与数据线相连，拆卸时应将数据线的连接插头拔下，如图 5-16 所示。

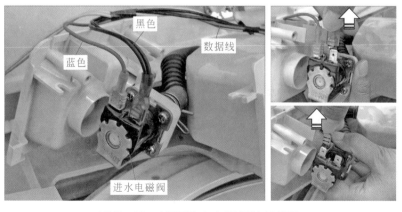

图 5-16　拔下进水电磁阀连接插头

图 5-17 所示为该洗衣机所使用的进水电磁阀和出水盒。

图 5-17 进水电磁阀和出水盒

安全门开关
的拆卸

5.1.4 安全门开关的拆卸

① 安全门开关由 2 个螺钉固定，使用合适的螺丝刀即可取下，如图 5-18 所示。

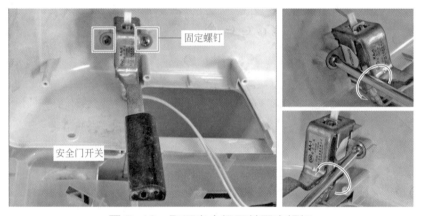

图 5-18 取下安全门开关固定螺钉

② 安全门开关与上盖之间具有关联性，因此在取下安全门开关的时候，应将安全门开关的动块从上盖中取出来，如图 5-19 所示。

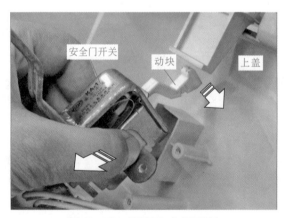

图 5-19 取下安全门开关

③ 安全门开关有 2 个引脚与数据线相连，拆卸时应将数据线的连接插头拔下，如图 5-20 所示。

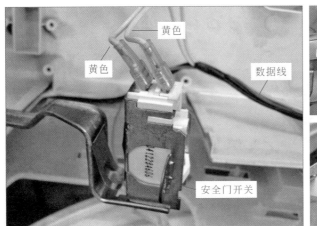

图 5-20　拔下安全门开关连接插头

图 5-21 所示为该洗衣机所使用的安全门开关。

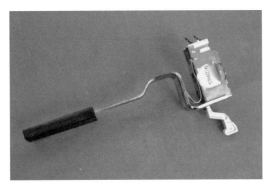

图 5-21　安全门开关

5.1.5　水位开关的拆卸

① 拆卸水位开关之前应先将水位调节钮取下，如图 5-22 所示。

图 5-22　取下水位调节钮

② 水位开关由 2 个螺钉固定，使用合适的螺丝刀即可取下，如图 5-23 所示。

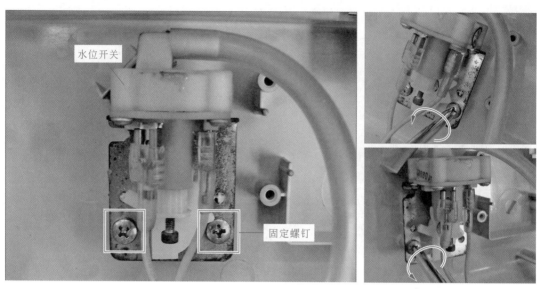

图 5-23　取下水位开关固定螺钉

③ 水位开关同样也有 2 个引脚与数据线相连，拆卸时应将数据线的连接插头拔下，如图 5-24 所示。

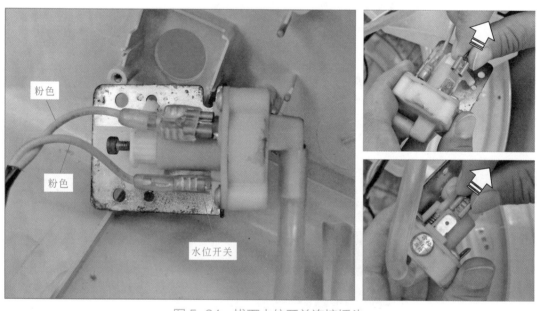

图 5-24　拔下水位开关连接插头

图 5-25 所示为该洗衣机所使用的水位开关，通过软水管与盛水桶的气室相连。

5.1.6　操作显示面板的拆卸

围框前半部分是操作显示面板（电脑式程序控制器），如图 5-26 所示。

图 5-25　水位开关

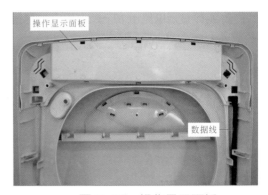

图 5-26　操作显示面板

① 操作显示面板由多个卡扣固定，只需要将固定卡扣撬开即可，如图 5-27 所示。

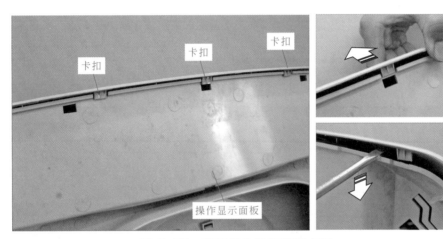

图 5-27　撬开操作显示面板卡扣

② 打开操作显示面板之后，就可以看到里面的操作显示电路板，如图 5-28 所示。

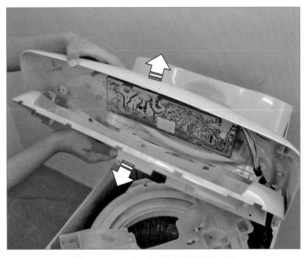

图 5-28　打开操作显示面板

③ 操作显示电路由 5 个螺钉固定，使用合适的螺丝刀即可取下，如图 5-29 所示。

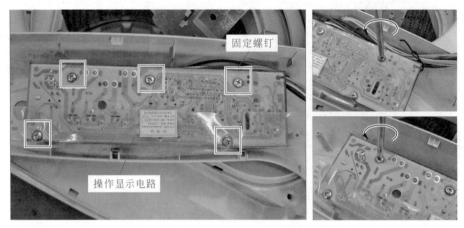

图 5-29　取下操作显示电路固定螺钉

④ 操作显示电路的固定螺钉取下以后，就可以将其从操作显示面板上取下来，如图 5-30 所示，由于是洗衣机电路，为了安全，该电路采取了防水措施，即在整个电路上浇筑了一层橡胶。

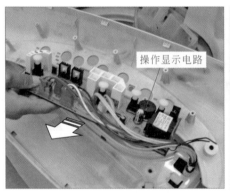

图 5-30　取下操作显示电路

图 5-31 所示为该洗衣机所使用的操作显示电路。

洗衣机控制电
路板的拆卸

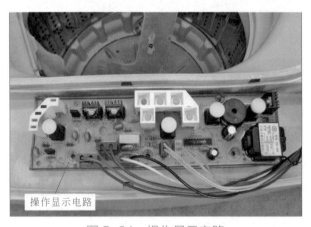

图 5-31　操作显示电路

⑤ 操作显示电路通过多个接口与数据线相连，拆卸时需要将其一一取下，如图 5-32 所示。

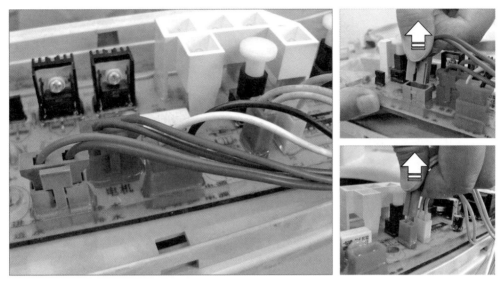

图 5-32　取下操作显示电路数据线

⑥ 操作显示电路、进水电磁阀、安全门开关、水位开关这些安装在洗衣机围框上的装置全都拆卸下来后，就可以将围框从整机上取下来了，如图 5-33 所示。

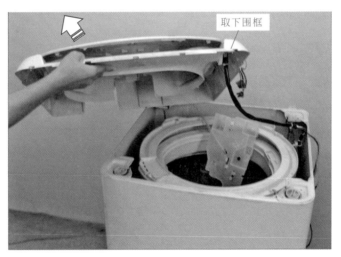

图 5-33　取下围框

5.1.7　箱体的拆卸

取下围框的洗衣机就可以看到内部结构，如图 5-34 所示。

洗衣桶实际上是由脱水桶和盛水桶两个套装在一起的，成为套筒式洗衣机，并由一个桶圈固定在洗衣桶上面。如图 5-35 所示，桶圈由 4 个螺钉固定，使用合适的螺丝刀即可取下，然后就可以将桶圈从洗衣桶上取下来了。

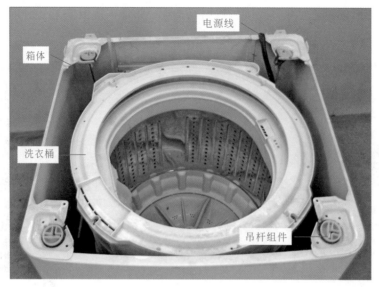

图 5-34　洗衣机内部结构

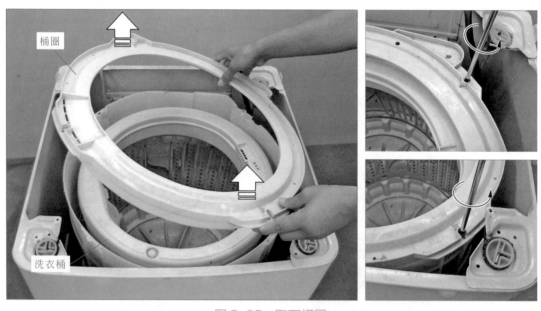

图 5-35　取下桶圈

取下桶圈后就可以看到洗衣桶的构成了，其中内桶为带有网眼的脱水桶，外桶为带有气室的盛水桶。

提示

洗衣桶的内桶（脱水桶）上有一个可以任意拆卸的滤网，如图 5-36 所示。平时进行洗衣时，该滤网可以滤除洗涤物的污物，以免进入洗衣机管路中，导致洗衣机堵塞。

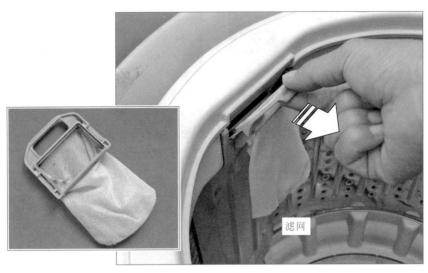

图 5-36　取下滤网

5.1.8　波轮的拆卸

洗衣桶中的波轮是由螺钉固定的，在固定螺钉上还有一个塑料帽，可用小一字螺丝刀将其撬开，即可看到里面的固定螺钉，如图 5-37 所示。

图 5-37　波轮塑料帽

① 取下波轮时，要用手按住波轮，如图 5-38 所示，再使用合适的螺丝刀将固定波轮的螺钉取下，这样做是为了防止在取下波轮固定螺钉的过程中波轮一起转动，干扰拆卸。

② 取下波轮固定螺钉以后就可以将波轮取下来了，如图 5-39 所示。

取下波轮后，就可以看到波轮底下，脱水桶与盛水桶的固定螺母以及离合器上的波轮轴，如图 5-40 所示。

③ 将固定脱水桶和盛水桶的螺母取下来，就可以将脱水桶从盛水桶中分离出来。图 5-41 所示为波轮式洗衣机的盛水桶和脱水桶。

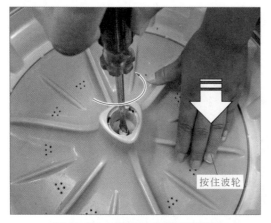

按住波轮

图 5-38　拆卸波轮固定螺钉

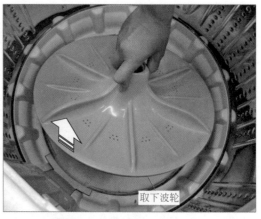

取下波轮

图 5-39　取下波轮

波轮轴

法兰

图 5-40　脱水桶与盛水桶的固定螺母以及离合器上的波轮轴

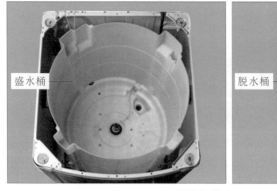

盛水桶

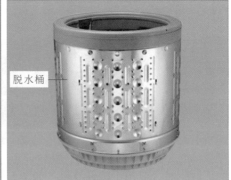

脱水桶

图 5-41　波轮式洗衣机的盛水桶和脱水桶

5.1.9　吊杆组件的拆卸

　　盛水桶的四周各有一个吊杆组件，如图 5-42 所示，吊杆组件通过挂头和外桶（盛水桶）吊耳固定洗衣桶。

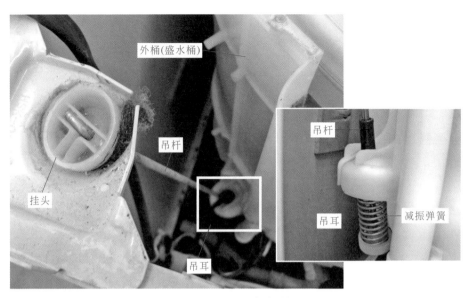

图 5-42　吊杆组件

① 取下吊杆组件的方法非常简单，只需将吊杆挂头从箱体上取下来，就可以将吊杆组件从外桶（盛水桶）吊耳上取下，如图 5-43 所示。

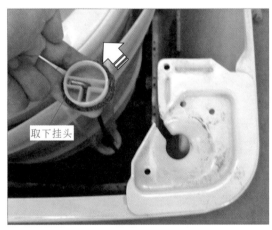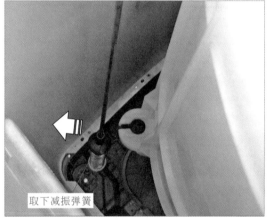

图 5-43　取下吊杆组件

 提示

　　由于洗衣桶是通过吊杆组件悬挂在箱体上的，而洗衣桶下面就是电动机、离合器以及排水系统，为了防止这些部件全部落地，发生损伤，4 个吊杆组件不要同时取下，或是将洗衣机整个翻转后，确定电动机、离合器等部件不会受到损伤后，再取下全部的吊杆组件。

② 洗衣机背面有个后盖板，由 4 个螺钉固定，使用合适的螺丝刀即可取下，如图 5-44 所示。

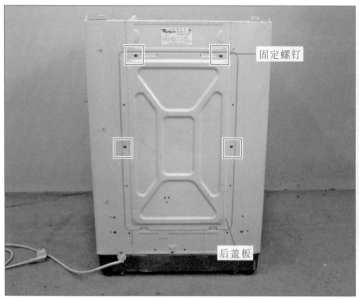

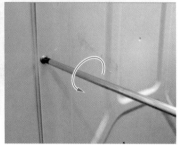

图 5-44　取下后盖板固定螺钉

③ 取下后盖板的固定螺钉以后，就可以将后盖板从洗衣机箱体上取下来了。取下时，应先将后盖板向上提起，使其与箱体之间的固定槽分离，然后就可以轻松取下后盖板了，如图 5-45 所示。

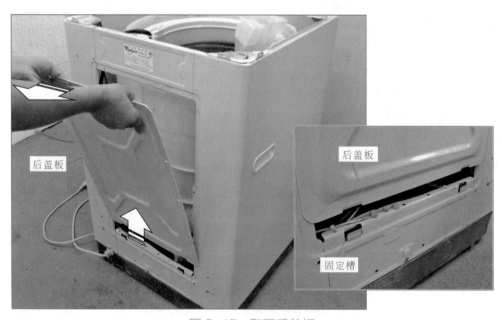

图 5-45　取下后盖板

取下后盖板就可以明确地看到波轮式洗衣机电动机和离合器的位置，即在洗衣桶的下面，如图 5-46 所示，除了洗衣桶的吊杆组件以外，没有任何支撑装置，这也就是为什么不要同时将吊杆组件全部取下来的原因。

④ 为了便于对洗衣机箱体进行拆卸，需要将洗衣机整机翻转过来，如图 5-47 所示。

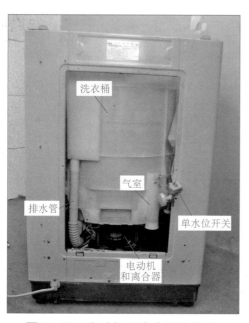

图 5-46 电动机和离合器的位置

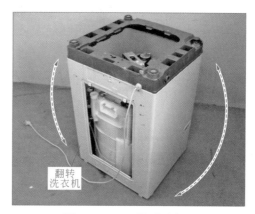

图 5-47 翻转洗衣机

⑤洗衣机底板由 12 个螺钉固定，使用合适的螺丝刀即可取下，如图 5-48 所示。

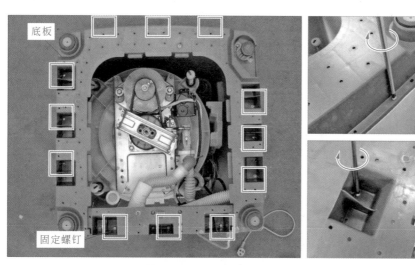

图 5-48 取下底板固定螺钉

洗衣机排水管出口同样固定在底板上，如图 5-49 所示。

⑥排水管出口由 1 个螺钉固定，使用合适的螺丝刀取下即可，如图 5-50 所示。

⑦取下排水管出口的固定螺钉后，就可以将排水管出口从底板上取下来了，如图 5-51 所示。

⑧与底板关联的零部件都拆卸了之后，就可以将底板从箱体上取下来了，如图 5-52 所示。

⑨翻转过来的洗衣机不用考虑电动机与离合器是否会有落地损伤的问题，因此可以将吊杆组件拆卸下来了，如图 5-53 所示，首先将挂头从箱体上取下来，然后将其从吊耳上取下。

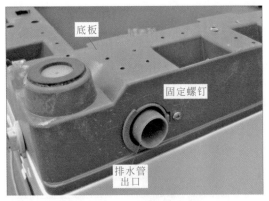

图 5-49 排水管出口

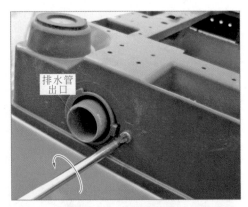

图 5-50 取下排水管出口固定螺钉

图 5-51 取下排水管出口

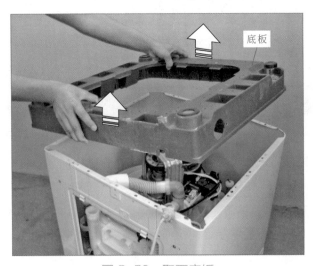

图 5-52 取下底板

波轮式洗衣机的吊杆组件主要是由挂头、吊杆、减振弹簧和阻尼碗及阻尼筒构成的，如图 5-54 所示。

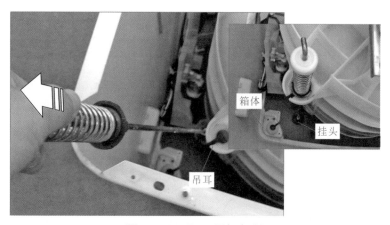

图 5-53　取下吊杆组件

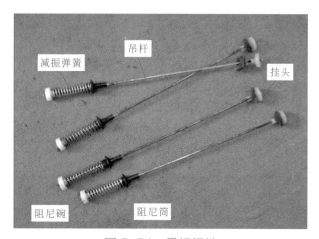

图 5-54　吊杆组件

5.1.10　电动机启动电容的拆卸

①洗衣机箱体上固定有电动机启动电容，使用合适的螺丝刀即可取下，如图 5-55 所示。

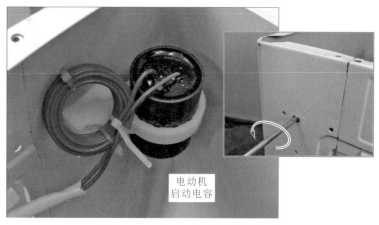

图 5-55　取下电动机启动电容

② 与洗衣机箱体相连的还有 2 个接地螺钉,可使用合适的螺丝刀将其取下,如图 5-56 所示。

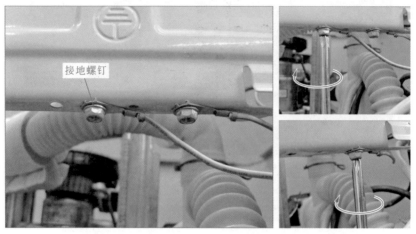

图 5-56　取下接地螺钉

③ 洗衣机的各种电源线通过线束固定在箱体上,有些是可以手动拆卸的,如图 5-57 所示,有些则需要使用偏口钳将线束剪断拆卸,如图 5-58 所示。不论是哪种线束拆卸方法,在对洗衣机进行安装时,必须按照原样将其牢牢地固定好,否则会造成断线、磨损或异音的后果。

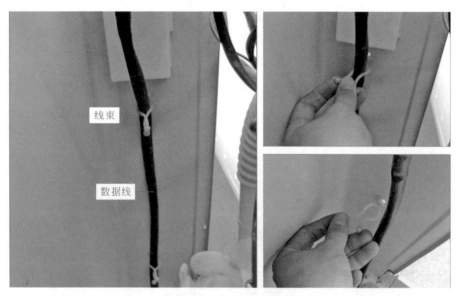

图 5-57　手动拆卸线束

④ 洗衣机的连接导线放置在一个防水线盒中,如图 5-59 所示,只要将连接导线从线盒中取出来,所有与箱体关联的零部件就都拆卸掉了。

⑤ 洗衣机箱体没有了关联部分,就可以整个取下来了,如图 5-60 所示。

箱体整个拆卸完以后,一定要将各零部件放置妥当,以免丢失,影响安装。如图 5-61 所示为波轮式洗衣机箱体分解部件。

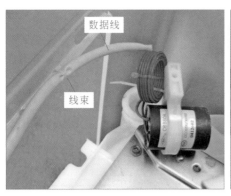
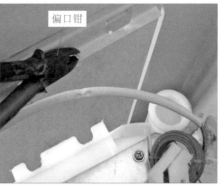

图 5-58　使用偏口钳拆卸线束

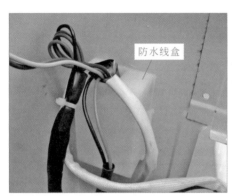
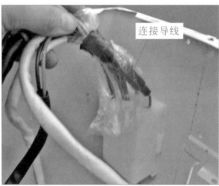

图 5-59　取出连接导线

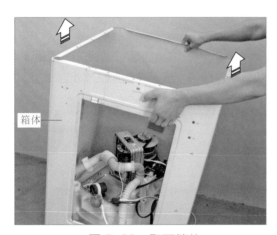
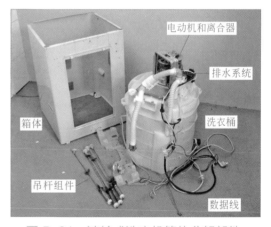

图 5-60　取下箱体　　　　　图 5-61　波轮式洗衣机箱体分解部件

5.2　滚筒式洗衣机的拆卸

5.2.1　滚筒式洗衣机的拆卸流程

　　拆装滚筒式洗衣机是进行滚筒式洗衣机维修操作的前提，掌握正确的操作方法和步骤，对于准确、高效拆装洗衣机，提高维修效率十分关键。因此，在进行滚筒式洗衣机的拆装操

作之前，应首先了解并熟悉其基本的拆装流程。

滚筒式洗衣机根据产品型号、规格及性能的不同，内部结构虽然存在细微差异，但基本的拆装流程十分相似。这里我们从维修角度，将滚筒式洗衣机的拆装划分成几部分，如图 5-62 所示。

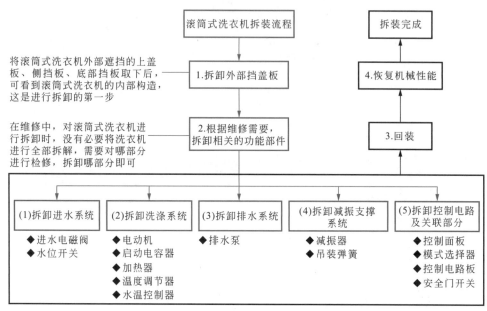

图 5-62 滚筒式洗衣机的基本拆装流程

 提示

> 在拆卸滚筒式洗衣机前，切断电源后，应静置 1min 左右再拆卸，以确保内部高压电容放电完成。另外，滚筒式洗衣机在拆装和检测过程中，应严格按照操作步骤进行，确保滚筒式洗衣机部件的完好，同时应注意拆装检测人员的人身安全。

5.2.2 上盖的拆卸

如图 5-63 所示为待拆卸滚筒式洗衣机的正面和背面。

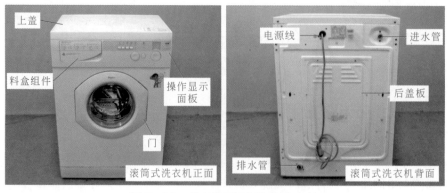

图 5-63 待拆卸的滚筒式洗衣机

① 该滚筒式洗衣机的上盖是由 2 个固定螺钉进行固定的，位于滚筒式洗衣机的后侧，使用合适的螺丝刀分别将其拧下，如图 5-64 所示。

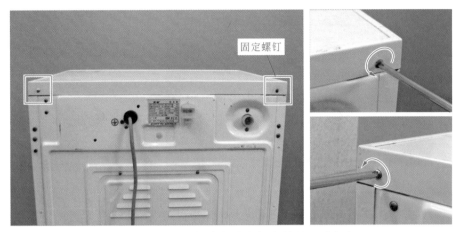

图 5-64　拧下滚筒式洗衣机上盖的固定螺钉

② 取下滚筒式洗衣机的固定螺钉后，将上盖向上提拉，即可将滚筒式洗衣机的上盖取下，如图 5-65 所示。

取下滚筒式洗衣机的上盖后，就可以看到位于滚筒式洗衣机顶部的部件，如进水电磁阀、上平衡块、程序控制器等，如图 5-66 所示。

图 5-65　取下滚筒式洗衣机上盖

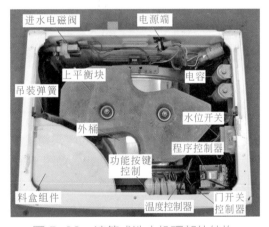

图 5-66　滚筒式洗衣机顶部的结构

5.2.3　后盖板的拆卸

① 洗衣机后侧的盖板是由 3 个固定螺钉和 2 个卡扣进行固定的，使用适合的螺丝刀将 2 个固定螺钉分别拧下，如图 5-67 所示。

② 后盖板的固定螺钉拧下后，向下端移动后盖板，然后将后盖板倾斜，即可将其取下，如图 5-68 所示。

滚筒式洗衣机的后盖板取下后，可以看到位于滚筒式洗衣机后侧的部件，如带轮、皮带、电动机等，如图 5-69 所示。

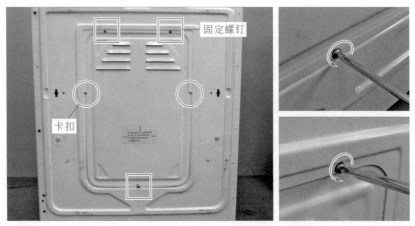

图 5-67　拧下后盖板的固定螺钉

图 5-68　取下滚筒式洗衣机后盖板

图 5-69　滚筒式洗衣机后侧的结构

5.2.4　料盒组件的拆卸

滚筒式洗衣机的料盒组件位于滚筒式洗衣机操作面板的左侧，将滚筒式洗衣机的料盒组件打开，将内部的料盒向外拉出，如图 5-70 所示。

图 5-70　取出料盒

5.2.5 操作显示面板的拆卸

滚筒式洗衣机的操作显示面板通过功能按钮及相应的卡扣等固定在箱体上，在拆卸时，需将与其连接的相关功能按钮取下，方可拆下操作显示面板。

① 滚筒式洗衣机的功能钮与洗衣机内部的程序控制器连接，这时需将功能钮卸下，如图 5-71 所示，将功能钮的上盖向外拔出取下。

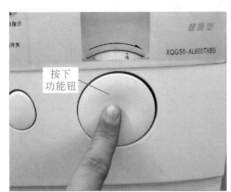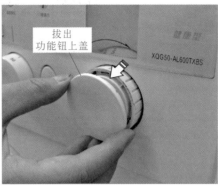

图 5-71　拔出功能钮上盖

② 取下功能钮上盖后，可以看到功能钮是由中心的一个固定螺钉与程序控制器进行固定的，使用适合的螺丝刀将其拧下，如图 5-72 所示。

③ 功能钮的固定螺钉拧下后，向外拔出功能钮，即可将其取出，如图 5-73 所示。

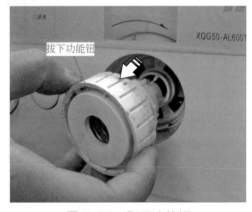

图 5-72　拧下功能钮的固定螺钉　　　　图 5-73　取下功能钮

④ 待拆卸滚筒式洗衣机的操作显示面板是由上端的 3 个固定螺钉、2 个卡扣和下端的 3 个卡扣进行固定的，使用适合的螺丝刀分别将 3 个固定螺钉拧下，如图 5-74 所示。

⑤ 滚筒式洗衣机的料盒通过 2 个固定螺钉，固定在操作显示面板上，如图 5-75 所示，使用适合的螺丝刀分别将 2 个固定螺钉拧下。

⑥ 操作显示面板上的固定螺钉拧下后，使用一字改锥分别将上端的 2 个固定卡扣撬开，将一端撬开的卡扣使用一字改锥卡住，再撬开另一端的卡扣，以防止撬开的卡扣再次卡住，如图 5-76 所示。

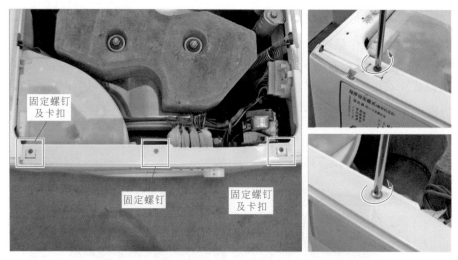

图 5-74　拧下操作显示面板上端的固定螺钉

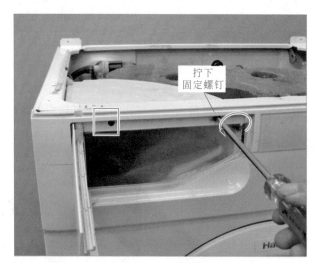

图 5-75　拧下料盒与操作显示面板的固定螺钉

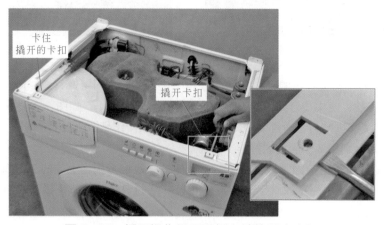

图 5-76　撬开操作显示面板上端的固定卡扣

⑦ 撬开上端卡扣后，向外掰动操作显示面板，将操作显示面板从滚筒式洗衣机上取下，如图 5-77 所示。

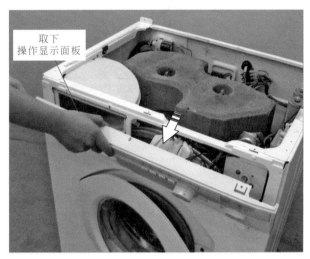

图 5-77 取下操作显示面板

取下滚筒式洗衣机的操作面板时，操作显示面板上的功能按键和指示灯与其相连，如图 5-78 所示。

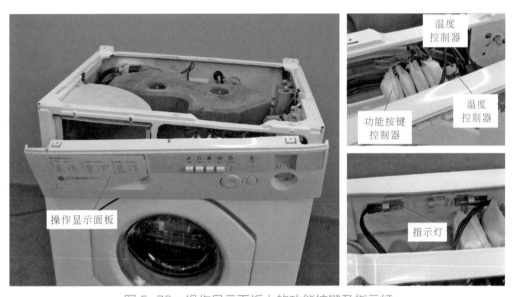

图 5-78 操作显示面板上的功能按键及指示灯

⑧ 将与功能按键控制器相连接的 4 个按钮依次拔下，如图 5-79 所示。

拔下功能按钮后，可以看到功能按键控制器是通过两端的卡扣卡在操作显示面板上的，如图 5-80 所示。

⑨ 此时，需使用一字改锥向侧端撬动卡扣，撬动卡扣的同时，向外侧拔出功能按键控制器，即可将功能按键控制器取下，如图 5-81 所示。其他 3 个功能按键控制器使用相同的方法取下即可。

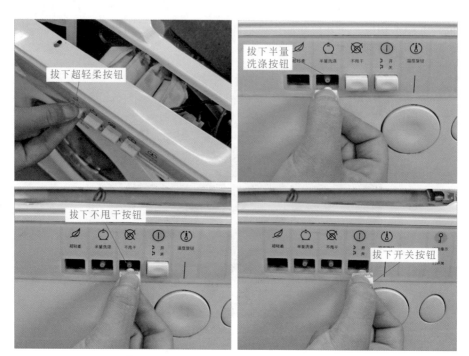

图 5-79 拔下功能按键控制器的按钮

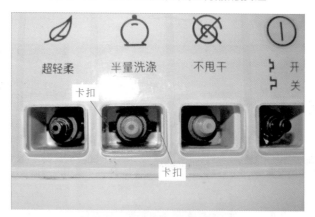

图 5-80 功能按键控制器的卡扣

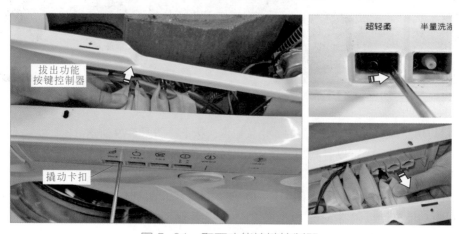

图 5-81 取下功能按键控制器

图 5-82 所示为取下的功能按键控制器，可以看到功能按键控制器与操作显示面板固定的卡扣。

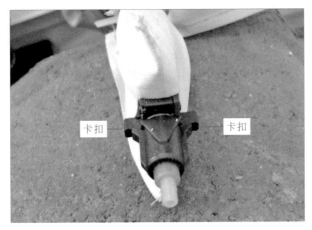

图 5-82　功能按键控制器的卡扣

⑩ 取下功能控制器后，按动温度按钮，这时温度按钮会向外弹出，如图 5-83 所示。

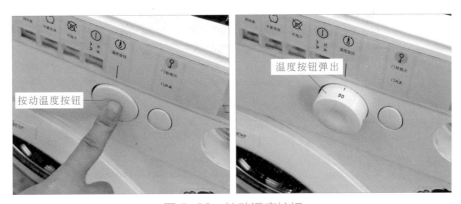

图 5-83　按动温度按钮

⑪ 将弹出的温度按钮向外拔出，拔出后可以看到温度控制器是通过 2 个固定螺钉固定在操作显示面板上的，如图 5-84 所示。

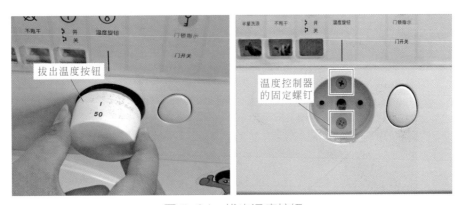

图 5-84　拔出温度按钮

⑫ 将固定温度控制器的 2 个固定螺钉分别拧下，如图 5-85 所示。

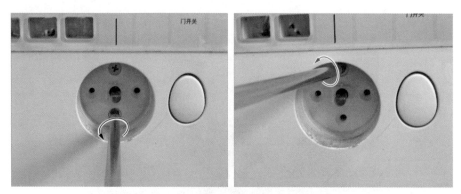

图 5-85　拧下温度控制器的固定螺钉

⑬ 拧下温度控制器与操作显示面板的固定螺钉后，将温度控制器向外拔出，即可将其取下，如图 5-86 所示。

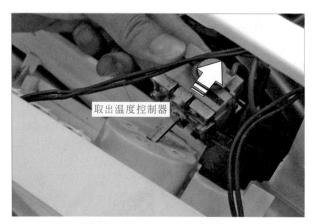

图 5-86　取出温度控制器

⑭ 取下温度控制器后，使用一字改锥撬开门开关按钮，将其取下，取下后即可看到门开关控制器与操作显示面板是通过卡扣进行固定的，如图 5-87 所示。

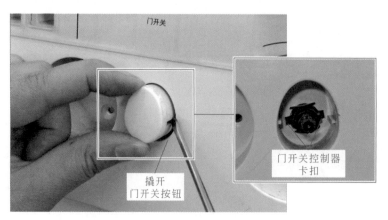

图 5-87　撬开门开关按钮

⑮ 取下门开关按钮后，使用一字改锥向侧端撬动门开关控制器与操作显示面板的卡扣，撬动卡扣的同时，向外侧拔出门开关控制器，即可将门开关控制器取下，如图 5-88 所示。

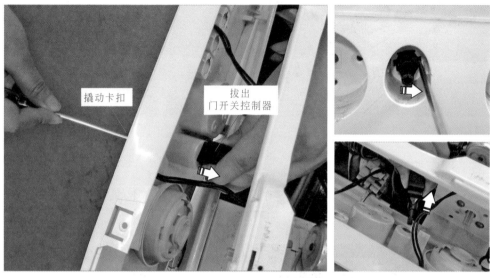

图 5-88　取下门开关控制器

⑯ 操作显示面板上的 2 个指示灯是通过卡扣卡在操作显示面板上的，如图 5-89 所示，将其依次向侧端拔下取出。

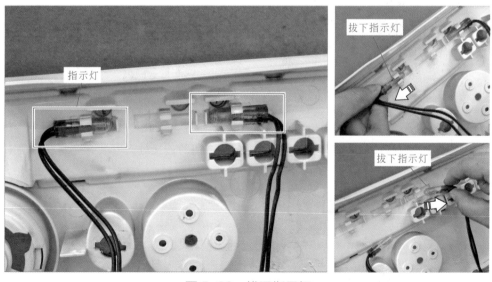

图 5-89　拔下指示灯

⑰ 拔下指示灯后，操作显示面板与滚筒式洗衣机就彻底脱离了，如图 5-90 所示，取下操作显示面板。

⑱ 图 5-91 所示为取下操作显示面板的滚筒式洗衣机，图中可看到从操作显示面板上拆卸下来的控制器件。

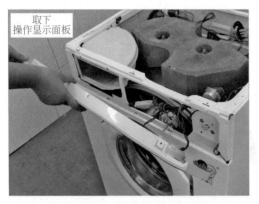

图 5-90　取下操作显示面板

图 5-91　取下操作显示面板的滚筒式洗衣机

5.2.6　程序控制器的拆卸

程序控制器是通过 2 个固定螺钉固定在滚筒式洗衣机的箱体上的，使用适合的螺丝刀将其分别拧下后，即可将程序控制器取下，如图 5-92 所示。

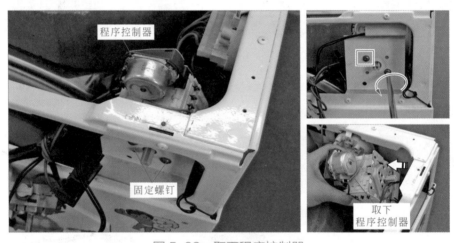

图 5-92　取下程序控制器

取下程序控制器后，可以看到程序控制器与其按钮的连接处，安装时应将其准确对位，如图 5-93 所示。

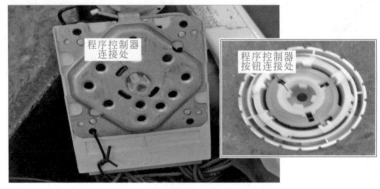

图 5-93　程序控制器与其按钮的连接处

5.2.7　水位开关的拆卸

　　水位开关是通过 1 个固定螺钉固定在滚筒式洗衣机的箱体上的，如图 5-94 所示，使用适合的螺丝刀将其拧下，即可将水位开关取下。

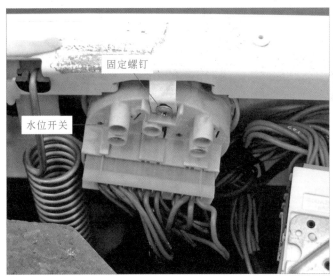

图 5-94　取下水位开关

5.2.8　启动电容的拆卸

　　① 启动电容是通过 2 个固定螺钉固定在滚筒式洗衣机的箱体上的，如图 5-95 所示，使用适合的螺丝刀分别将其拧下，即可将启动电容取下。

图 5-95　取下启动电容

　　② 如图 5-96 所示，拧下另一个启动电容的 2 个固定螺钉，将启动电容取下。

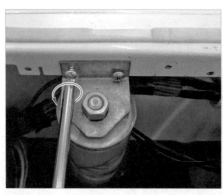

图 5-96　取下另一个启动电容

5.2.9　电源线的拆卸

① 电源线是通过 2 个固定螺钉固定在滚筒式洗衣机箱体的后板上的，使用适合的螺丝刀分别将其拧下，如图 5-97 所示。

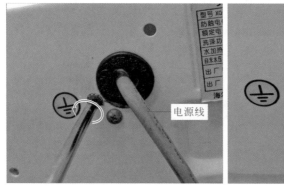

图 5-97　拧下电源线的固定螺钉

② 将与电源线的连接线依次拔下，如图 5-98 所示。

③ 电源线是由一个固定螺钉固定的，使用适合的螺丝刀将其拧下，如图 5-99 所示。

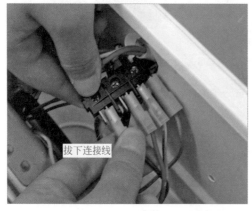

图 5-98　拔下与电源线的连接线　　　　图 5-99　拧下电源线的固定螺钉

④ 将固定电源线连接端的火线、零线和地线的 3 个固定螺钉分别拧下，如图 5-100 所示。

⑤ 拧下电源线连接端的固定螺钉后，即可将电源线连接端拔下，如图 5-101 所示。

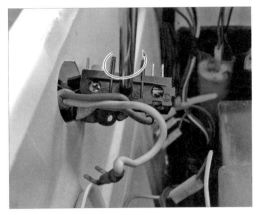

图 5-100　拧下电源线连接端的固定螺钉

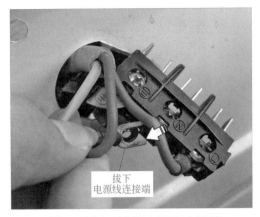

图 5-101　拔下电源线连接端

如图 5-102 所示为拔出的 3 根电源线的连接端。

⑥ 电源线的连接端取下后，将电源线从固定口处拔出，如图 5-103 所示。

图 5-102　拔出的电源线连接端

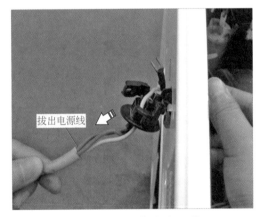

图 5-103　拔出电源线

5.2.10　进水电磁阀的拆卸

① 进水电磁阀是通过 2 个固定螺钉固定在滚筒式洗衣机箱体的后板上的，使用适合的螺丝刀分别将其拧下，如图 5-104 所示。

② 进水电磁阀的固定螺钉拧下后，即可将进水电磁阀从滚筒式洗衣机上取下，如图 5-105 所示。

③ 进水电磁阀的数据线与其他器件的数据线捆扎在一起，通过线束进行固定，拆卸时将线束打开，取出数据线即可，如图 5-106 所示。

④ 如图 5-107 所示，将固定数据线的另一处的线束打开，取出数据线。

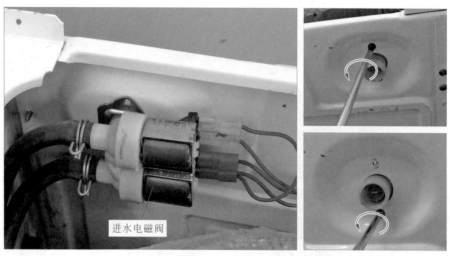

进水电磁阀

图 5-104　拧下进水电磁阀的固定螺钉

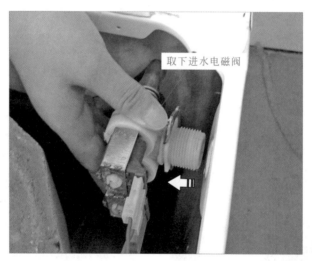

取下进水电磁阀

图 5-105　取下进水电磁阀

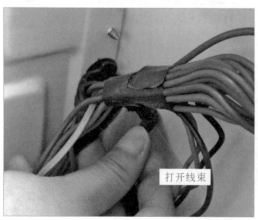

打开线束

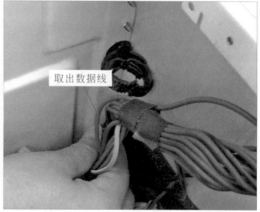

取出数据线

图 5-106　取出数据线

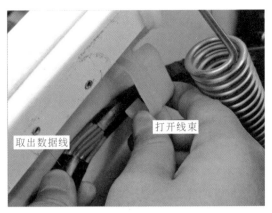

图 5-107　取出另一处数据线

5.2.11　门的拆卸

① 滚筒式洗衣机的门是通过 4 个固定螺钉进行固定的，使用适合的螺丝刀将其拧下，拧下后即可将固定门的铁片打开，如图 5-108 所示。

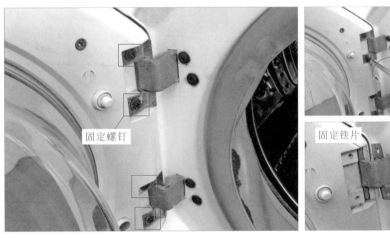

图 5-108　拧下固定螺钉

② 滚筒式洗衣机门的固定螺钉拧下后，即可将门从滚筒式洗衣机上取下，如图 5-109 所示。

图 5-109　取下滚筒式洗衣机的门

③ 取下滚筒式洗衣机的门后，即可将固定门的固定铁片取下，如图 5-110 所示。

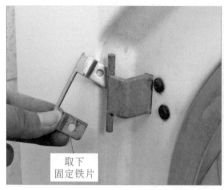

图 5-110　取下固定铁片

④ 滚筒式洗衣机的门锁是固定门的装置，通过 2 个固定螺钉将其固定在滚筒式洗衣机的箱体上的，使用适合的螺丝刀分别将其拧下，如图 5-111 所示。

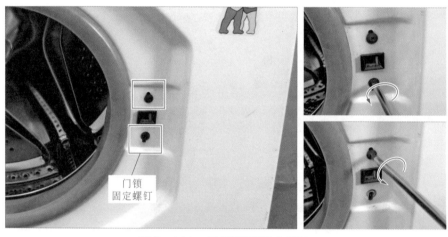

图 5-111　拧下门锁固定螺钉

⑤ 将固定滚筒式洗衣机门封的固定螺钉拧下，拧下螺钉后可以看到固定门封的铁丝圈是通过铁丝圈两端的挂钩进行连接的，如图 5-112 所示。

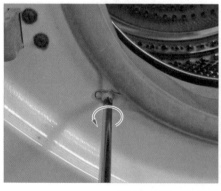
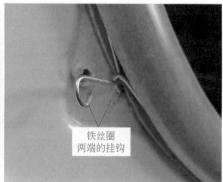

图 5-112　拧下固定门封的固定螺钉

⑥ 使用钳子夹住铁丝圈两端的挂钩，使铁丝圈挂钩松开，如图 5-113 所示。

⑦ 松开铁丝圈挂钩后，即可将固定门封的铁丝圈取下，如图 5-114 所示。

松开铁丝圈挂钩

图 5-113　松开铁丝圈挂钩

取下铁丝圈

图 5-114　取下铁丝圈

⑧ 取下固定门封的铁丝圈后，将门封向外拉出，然后将其全部推入滚筒式洗衣机的内部，如图 5-115 所示。

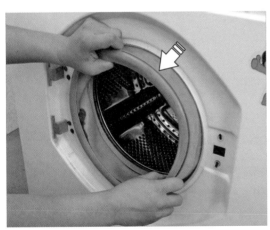

图 5-115　将门封推入滚筒式洗衣机内部

5.2.12　排水泵的拆卸

① 将滚筒式洗衣机翻转后，使用梅花扳手将固定排水泵的 2 个固定螺钉分别拧下，如图 5-116 所示。

② 拧下排水泵的固定螺钉后，即可将排水泵从滚筒式洗衣机的箱体上取下，如图 5-117 所示为取下的滚筒式洗衣机的排水泵。

③ 取下排水泵后，可以发现排水泵的接地线与箱体连接，此时，将插接在排水泵上的接地线拔下，如图 5-118 所示。

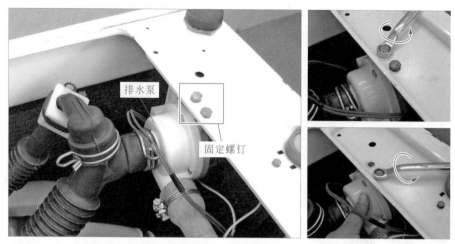

图 5-116　拧下排水泵的固定螺钉

图 5-117　取下的滚筒式洗衣机的排水泵

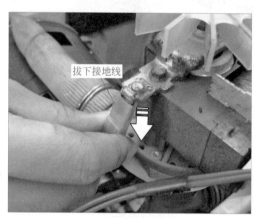

图 5-118　拔下接地线

5.2.13　主控电路板的拆卸

　　主控电路板是通过 2 个固定螺钉固定在滚筒式洗衣机箱体的后板上的，使用适合的螺丝刀将其分别拧下后，即可将主控电路板取下，如图 5-119 所示。

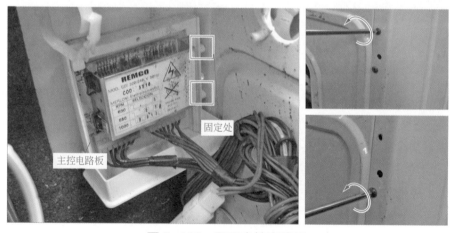

图 5-119　取下主控电路板

5.2.14　减振器的拆卸

　　滚筒式洗衣机的箱体与外桶通过减振器进行固定连接，为了确保滚筒式洗衣机在工作过程中的安全及噪声小的要求，减振器通过螺栓和螺母牢固地固定在外桶和箱体间，如图 5-120 所示。

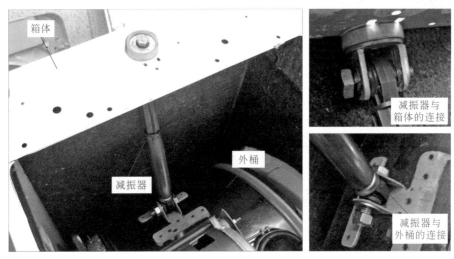

图 5-120　减振器的固定方式

　　① 在拆卸减振器时，使用 1 个活扳手将螺栓固定后，再借助另一个活扳手拧下螺母，如图 5-121 所示。

　　② 使用扳手将螺母拧松后，可通过手将其拧下，如图 5-122 所示。

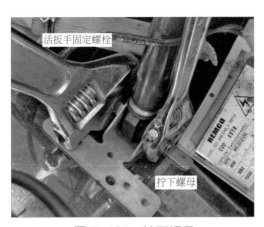

图 5-121　拧下螺母

图 5-122　拧下螺母

　　③ 取下螺母后，将螺栓上的垫片取下，然后将螺栓从减振器固定孔中拔出，如图 5-123 所示。

　　④ 减振器与滚筒式洗衣机的箱体是通过固定螺栓进行固定的，使用活扳手将其拧下，如图 5-124 所示。

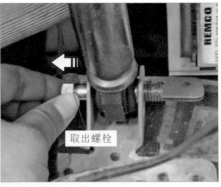

取出垫片

取出螺栓

图 5-123　取下垫片和螺栓

拧下固定螺栓

图 5-124　拧下减振器与箱体之间的固定螺栓

⑤ 减振器两端的固定螺栓拧下后，即可将减振器取下，如图 5-125 所示。

⑥ 滚筒式洗衣机减振器的安装方式均相同，可使用上述的拆卸方式对另一个减振器进行拆卸，如图 5-126 所示，为拆卸后的减振器。

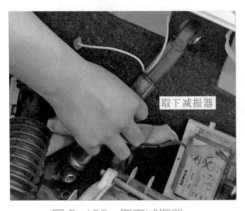

取下减振器

图 5-125　取下减振器　　　　　图 5-126　拆卸下来的减振器

5.2.15　吊装弹簧的拆卸

① 滚筒式洗衣机的减振器拆卸下来后，外桶一侧的固定拉力就会消失，吊装弹簧的拉力便同时消失。此时，将洗衣机向后倾斜，即可轻松地取下吊装弹簧，如图 5-127 所示。

② 滚筒式洗衣机的吊装弹簧的安装方式均相同，如图 5-128 所示为拆卸下来的吊装弹簧。

图 5-127　取下吊装弹簧

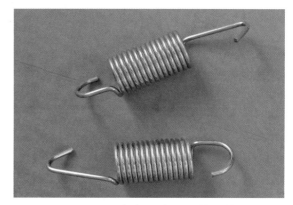

图 5-128　拆卸下来的吊装弹簧

5.2.16　箱体的拆卸

① 滚筒式洗衣机上的所有器件与箱体脱离后，此时，洗衣机底端向上，将箱体向上提起，即可将箱体取出，如图 5-129 所示。

② 如图 5-130 所示为取出的滚筒式洗衣机的箱体及主体部件。

图 5-129　向上提起箱体

图 5-130　取出的滚筒式洗衣机的箱体及主体部件

6章
洗衣机机械传动系统的检修

6.1 洗衣机机械传动系统的特点

洗衣机是靠机械系统的运转完成洗涤工作的，机械部件在洗衣机中占的比重很高，电动机、传动机构、波轮、机架是洗衣机的主要部件。由于洗衣机的机械传动部件在工作时都处于运动状态，因而发生故障的概率也比较高。检修洗衣机，首先需要了解其结构和原理，才能进行故障的判别和检修。

6.1.1 波轮式洗衣机的机械传动系统

波轮式洗衣机的机械传动系统主要由桶圈、平衡环组件、波轮、脱水桶、盛水桶、电动机、离合器、皮带和保护支架等组成，如图 6-1 所示为典型的波轮式洗衣机机械传动系统的基本结构。

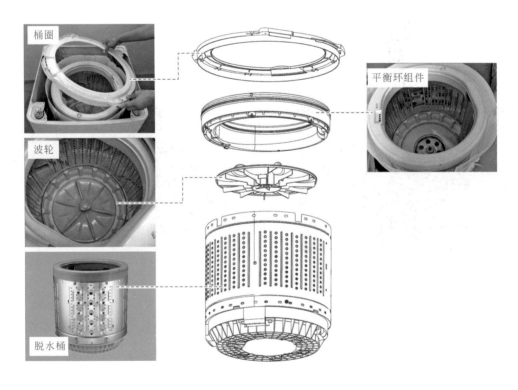

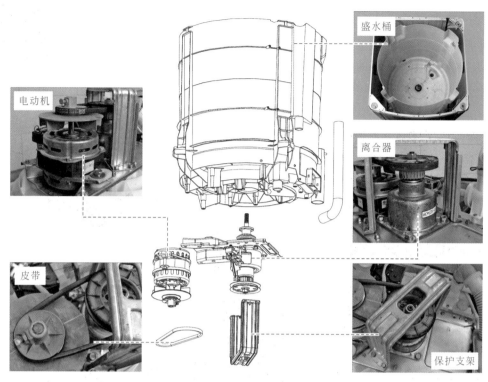

图6-1　典型波轮式洗衣机机械传动系统的基本结构

　　波轮式洗衣机在洗涤或漂洗时，电动机运转，通过减速离合器降低转速带动波轮间歇正反转，水流呈多方向运转进行洗涤，此时脱水桶不转动；脱水时，电动机运转，通过离合器使脱水桶高速顺指针方向运转，进行脱水，如图6-2所示。

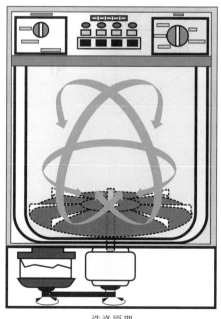

洗涤原理

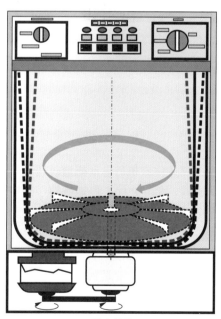

脱水原理

图6-2　波轮式洗衣机机械传动系统的工作过程

6.1.2 滚筒式洗衣机的机械传动系统

（1）典型的滚筒式洗衣机的机械传动系统

典型的滚筒式洗衣机的机械传动系统一般由电动机、带轮、传动带和洗衣桶等部分组成。图6-3所示为典型滚筒式洗衣机机械传动系统的基本结构。

滚筒式洗衣机的
机械传动系统

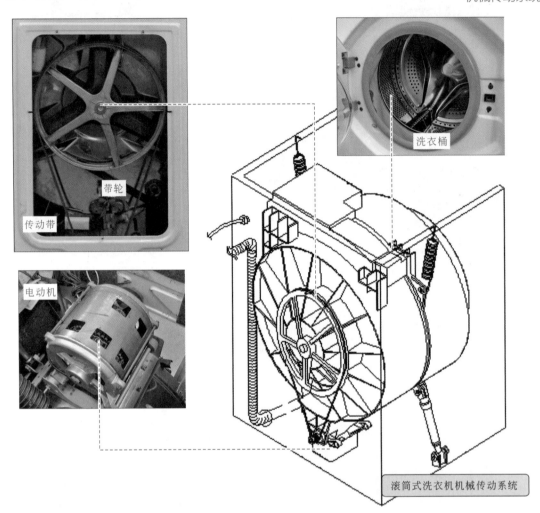

图6-3　典型滚筒式洗衣机机械传动系统的基本结构

典型滚筒式洗衣机的电动机通过传动带和带轮驱动洗衣桶旋转，而洗衣桶内的衣物依靠洗衣桶的旋转，相互之间不停地摩擦、碰撞，产生类似人工搓洗的效果，实现滚筒式洗衣机的洗涤等功能，如图6-4所示。

如图6-5所示为滚筒式洗衣机电动机的安装位置。典型的滚筒式洗衣机的电动机主要分为单相电容运转式双速电动机或单相串激电动机两种。

传动带和带轮则主要是为洗衣桶和电动机之间传送动能，提供洗衣桶的工作动力。若传动带和带轮出现故障，将导致洗衣桶动力无法传输，洗衣机将无法实现洗涤功能。

滚筒式洗衣机的洗衣桶主要分为外桶、内桶两部分，内、外桶相互固定后，外桶通过带轮带动内桶旋转，进行衣物的洗涤。

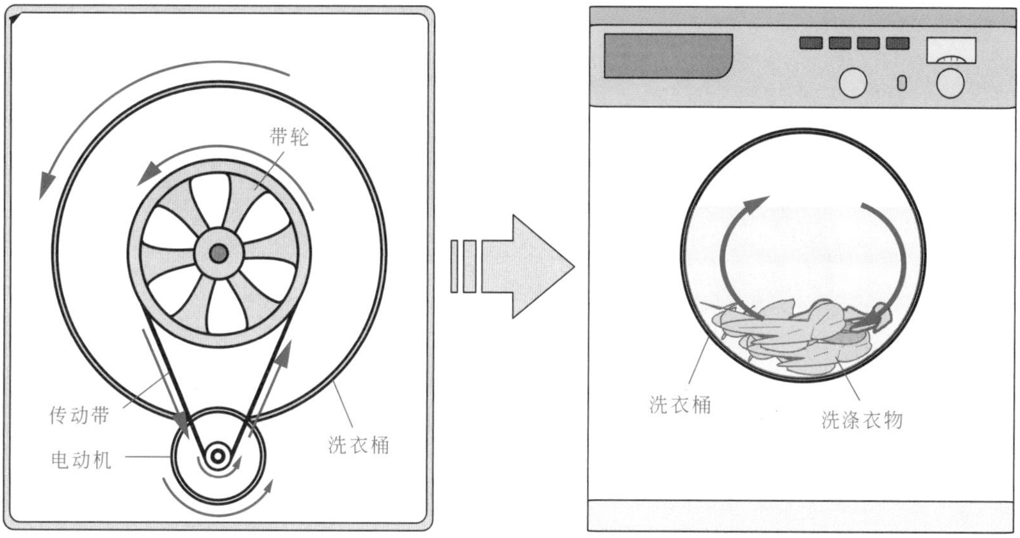

图 6-4　滚筒式洗衣机机械传动系统工作过程

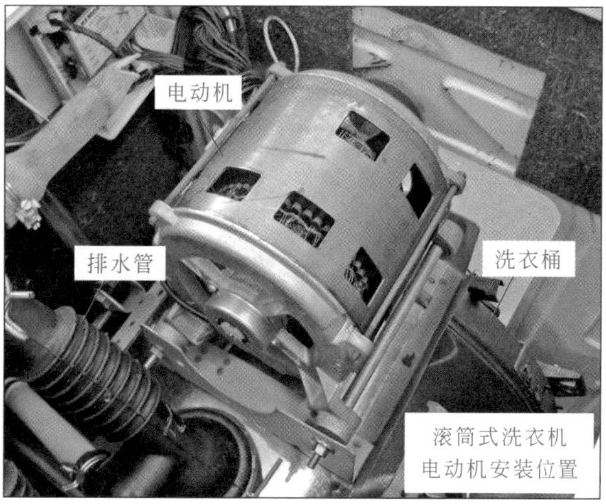

图 6-5　滚筒式洗衣机电动机的安装位置

（2）新型滚筒式洗衣机的机械传动系统

随着电子技术的发展，新型滚筒式洗衣机逐渐脱离掉由带轮和传动带带动洗衣机洗衣桶的动力传送方式，而采用电动机直接带动洗衣桶运转，如图 6-6 所示。

采用电动机和洗衣桶回转盘轴承结合的方式，减少了滚筒式洗衣机在运转过程中产生的噪声，也减少了带轮和传动带在带动过程中的摩擦损耗，增加了滚筒式洗衣机的使用寿命。

新型滚筒式洗衣机的电动机主要使用 DD 直驱式变频电动机，图 6-7 所示为 DD 直驱式变频电动机与洗衣桶的连接方式。

新型滚筒式洗衣机与典型的滚筒式洗衣机不同的是，在其底部有回转盘轴承与电动机连接，如图 6-8 所示。

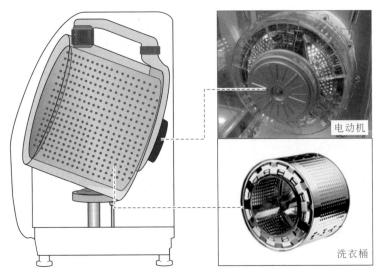

电动机

洗衣桶

图 6-6　新型滚筒式洗衣机的机械传动系统

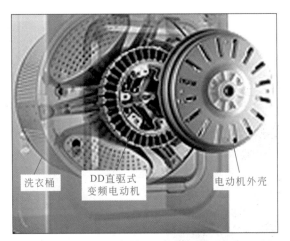

洗衣桶　　DD直驱式　　　电动机外壳
　　　　　变频电动机

图 6-7　DD 直驱式变频电动机

新型滚筒式洗衣机电动机　　　典型滚筒式洗衣机电动机

图 6-8　新型滚筒式洗衣机和典型滚筒式洗衣机电动机的安装方式

6.2 波轮的检修

波轮是波轮式洗衣机中产生水流的主要部件，水流带动衣物运动，冲刷衣物表面、纤维缝隙，与洗涤桶相配合，实现对衣物去污。

6.2.1 波轮的特点

波轮是安装在洗衣桶内，通过螺钉固定在离合器波轮轴上的，图6-9所示是波轮式洗衣机特有的装置。

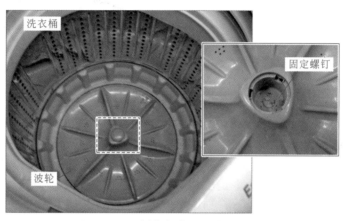

图6-9　波轮式洗衣机中的波轮

不同型号的波轮式洗衣机所采用的波轮形状各有不同，图6-10所示为常见的波轮。一般来讲，波轮的直径越大、转速越低、正反变换频繁，对洗涤衣物的磨损越小。由此可见，波轮的结构、转速和旋转时间是提高波轮式洗衣机洗涤性能的关键。

图6-10　常见的波轮

6.2.2　波轮的检修方法

① 波轮式洗衣机在洗涤过程中，波轮与洗涤的衣物直接接触，如果波轮出现了明显的裂痕，将会使洗涤的衣物受到损伤，影响洗涤效果，因此应经常对波轮进行观察，如图 6-11 所示。

② 如果波轮不能转动，可能是有异物将波轮卡住。此时，应将波轮拆卸下来，检测下面是否有异物，如图 6-12 所示。

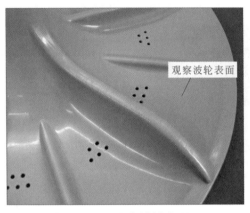

图 6-11　观察波轮表面

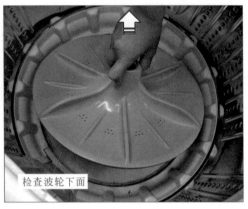

图 6-12　检查波轮下面

③ 如果波轮能够很轻快地转动，没有与离合器关联的感觉，此时应检测波轮孔内壁，如图 6-13 所示。波轮孔内壁呈花键孔状，这是为了与离合器波轮轴相啮合。由于波轮频繁地实现正反向旋转，容易使花键孔受损变圆，导致离合器波轮轴转动，而波轮不转。

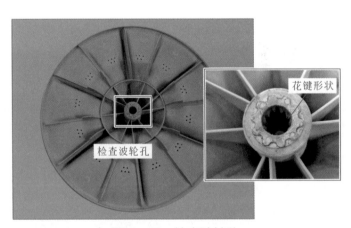

图 6-13　检查波轮孔

6.3　洗衣桶的检修

洗衣桶是洗衣机用来盛装衣物的，可分为盛水桶和脱水桶两大部分。其中，盛水桶是用来盛水和衣物的，而脱水桶则是在脱水工作时才会用到的。

6.3.1 洗衣桶的特点

（1）波轮式洗衣机洗衣桶的特点

波轮式洗衣机洗衣桶主要分为内桶（脱水桶）和外桶（盛水桶）两部分，如图 6-14 所示。其中内桶（脱水桶）上带有平衡环组件，外桶（盛水桶）上带有桶圈和溢水管。

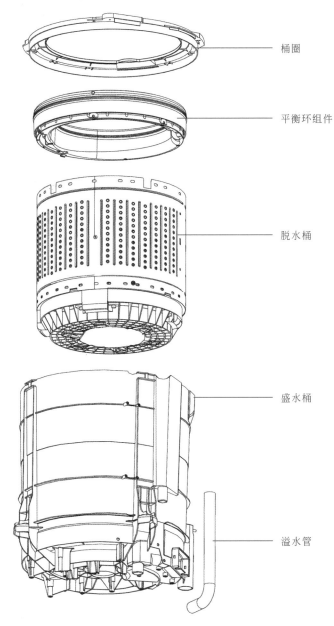

桶圈

平衡环组件

脱水桶

盛水桶

溢水管

图 6-14　波轮式洗衣机洗衣桶的结构

波轮式洗衣机洗衣桶的内桶（脱水桶）是通过法兰固定在离合器脱水轴上的，而外桶（盛水桶）则是通过吊杆组件固定在箱体上的。也就是说，外桶（盛水桶）是固定不动的，而内桶（脱水桶）则根据工作状况的不同，或是运转或是不动。

① 内桶（脱水桶） 波轮式洗衣机的内桶也可称为脱水桶，内壁上带有排水孔，如图6-15所示。在脱水过程中，对衣物进行排水。

② 外桶（盛水桶） 外桶是起到盛水作用的，套装在内桶（脱水桶）的外面，如图6-16所示。其带有气室和溢水管，并且四周有安装吊杆组件的吊耳。

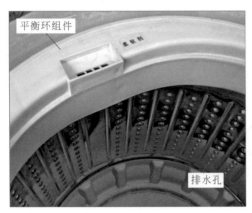

图6-15 波轮式洗衣机的内桶

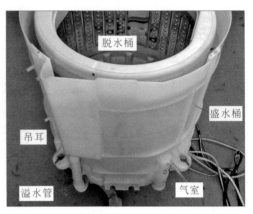

图6-16 波轮式洗衣机的外桶

（2）滚筒式洗衣机洗衣桶的特点

滚筒式洗衣机洗衣桶主要分为内桶（脱水桶）和外桶（盛水桶）两部分，如图6-17所示为滚筒式洗衣机洗衣桶的结构。

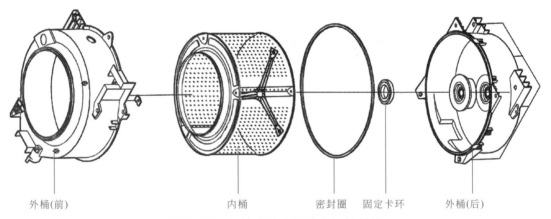

外桶（前）　　　内桶　　　密封圈　固定卡环　　外桶（后）

图6-17 滚筒式洗衣机洗衣桶的结构

滚筒式洗衣机通过密封圈和固定卡环将内桶与外桶进行固定。

① 内桶（脱水桶） 滚筒式洗衣机的内桶也可称为脱水桶，安装在盛水桶内（即外桶内），在滚筒式洗衣机工作时，通过旋转进行洗涤脱水工作。

滚筒式洗衣机的内桶主要采用聚丙烯塑料或不锈钢金属制成，通过内桶壁上凸起的提升筋和排水孔，在旋转过程中对衣物进行洗涤、脱水操作。如图6-18所示为滚筒式洗衣机的内桶结构。

滚筒式洗衣机在洗涤衣物的过程中，衣物在桶内翻滚，内桶通过提升筋与衣物相互摩擦，提高衣物的洗净度，如图6-19所示。

图 6-18　滚筒式洗衣机的内桶结构

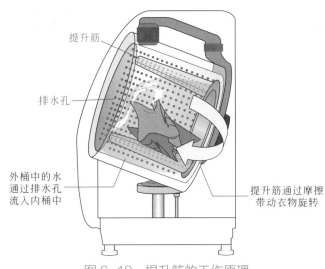

图 6-19　提升筋的工作原理

② 排水孔　滚筒式洗衣机的内桶主要通过排水孔将洗涤衣物时所需要的水流入内桶中，在对衣物进行脱水操作时，通过排水孔排出衣物中的水分。

内桶的排水孔根据其设计的方式不同，主要分为平滑型排水孔和凸起型排水孔两种，如图 6-20 所示。

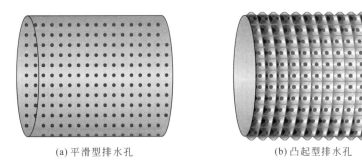

(a) 平滑型排水孔　　　　　　　　　(b) 凸起型排水孔

图 6-20　内桶的排水孔

平滑型排水孔的制作工艺较简单，主要是在内桶壁上打孔即可，而凸起型排水孔则需要将内桶壁制成凸起形状后，对内桶进行钻孔后成型的，并且凸起形状随滚筒式洗衣机的设计要求而有所区别，如图6-21所示。

珍珠型排水孔

水滴型排水孔

图6-21　凸起型排水孔

当滚筒式洗衣机处于脱水工作状态时，内桶随着电动机动力的带动高速旋转，吸附在衣物上的水分随着内桶的高速旋转从洗净的衣物中甩出后，通过内桶的排水孔流出内桶，如图6-22所示。

③外桶（盛水桶）　与波轮式洗衣机盛水桶的作用相同，滚筒式洗衣机的盛水桶主要用于盛装洗涤液，但在滚筒式洗衣机中盛水桶通常称为外桶。外桶套装在内桶的外面，悬挂在滚筒式洗衣机的外箱体内。一般的滚筒式洗衣机在外桶的上部通常采用4根吊装弹簧将外筒悬挂在箱体内，并通过减振器支撑在箱体的底部，如图6-23所示。

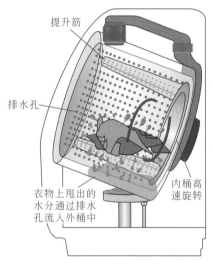

提升筋

排水孔

衣物上甩出的
水分通过排水
孔流入外桶中

内桶高
速旋转

图6-22　内桶的排水孔工作原理

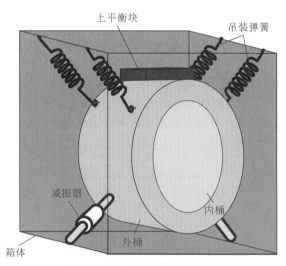

上平衡块

吊装弹簧

减振器

箱体

内桶

外桶

图6-23　外桶的固定

外桶上部一般都配有上平衡块，固定在外桶的上面，主要是用于增加外桶的重量，平衡外桶的重心，减小因衣物偏心时而产生的振动，保持滚筒式洗衣机的稳定。

滚筒式洗衣机的外桶主要分为两部分，如图 6-24 所示，通过橡胶密封圈将外桶的两部分进行密封，防止滚筒式洗衣机漏水。

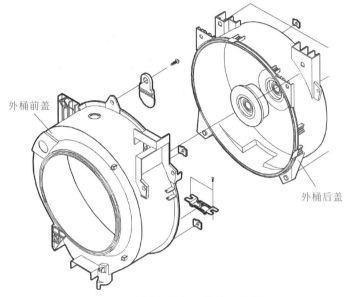

外桶前盖

外桶后盖

图 6-24　滚筒式洗衣机的外桶结构

6.3.2　波轮式洗衣机洗衣桶的检修

洗衣机的洗衣桶若是出现故障，将导致洗涤的衣物破损、漏水、漏电等事情发生。

① 波轮式洗衣机出现漏水现象，主要是由外桶引起的，如外桶碎裂、溢水管损坏等。因此，应对外桶进行观察，如图 6-25 所示，查找泄漏点，如不可进行修补，则应更换新的外桶（盛水桶）。

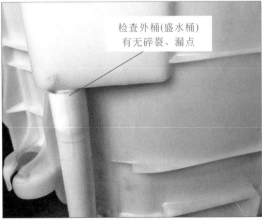

检查外桶(盛水桶)
有无碎裂、漏点

检查外桶(盛水桶)
有无碎裂、漏点

图 6-25　检查外桶（盛水桶）

② 如果波轮式洗衣机脱水不良，则主要是由内桶引起的，如内桶（脱水桶）法兰、离合器固定失常。因此，应检查法兰固定螺栓是否有松动、脱落现象，如图 6-26 所示。

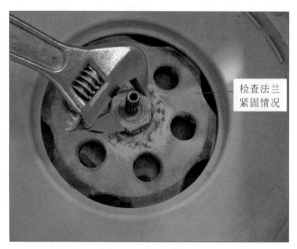

检查法兰
紧固情况

图6-26　检查内桶法兰

6.3.3　滚筒式洗衣机洗衣桶的检修

（1）内桶的检修

洗衣机洗涤完衣物后，发现衣物有破损现象，出现此种现象时，应及时检查滚筒式洗衣机的内桶，查看内桶的排水孔是否平滑。

由于衣物在洗涤的过程中，衣物的物料有时会钻入内桶的排水孔中，如果内桶的排水孔表面粗糙不平滑则会造成衣物的损伤，如图6-27所示。

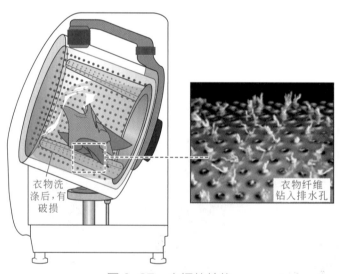

衣物洗
涤后，有
破损

衣物纤维
钻入排水孔

图6-27　内桶的检修

（2）外桶的检修

当滚筒式洗衣机漏水时，除了检查洗衣机给排水系统外，还应检查外桶是否出现问题。

外桶前边沿漏水，主要是由于滚筒式洗衣机在装配过程中外桶前盖橡胶密封圈和卡环没有装配好，洗衣机在使用的过程中，内桶振动使卡环螺钉松动，导致洗涤液从细缝中漏出，如图6-28所示。

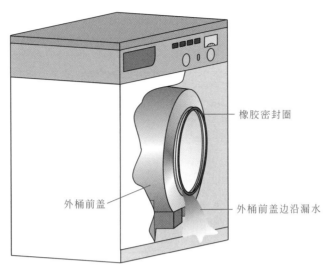

图6-28　外桶前沿漏水

在检修时，将滚筒式洗衣机外桶从洗衣机箱体中取出，拆下外桶前盖，将橡胶密封圈重新涂抹一层黏结剂，再将外桶边沿使用钳子修整平滑，消除凹凸不平的地方后，重新装配好外桶前盖和橡胶密封圈，如图6-29所示。

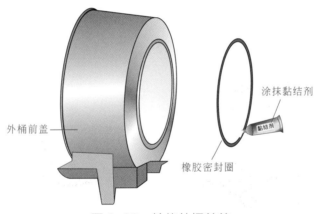

图6-29　检修外桶前盖

6.4　电动机的检修

洗衣机的动力源来自电动机，在洗衣机进行洗涤和脱水工作时，通过带轮、传动带离合器等装置，将动力传送给洗衣桶中的波轮或是脱水桶。

6.4.1　电动机的特点

（1）波轮式洗衣机的电动机

波轮式洗衣机所使用的电动机一般为单相异步电动机，属于单相感应式电动机的一种。这种电动机是利用单相交流电源供电，其转速随负载变化略有变化的一种交流感应电动机。其具有结构简单、效率高、使用方便等特点。

单相异步电动机是由定子、转子以及端盖等部分构成的，如图 6-30 所示为其内部结构，图 6-31 为分解结构。

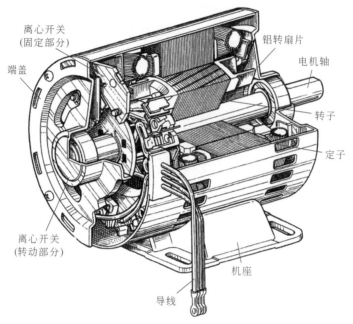

图 6-30　单相异步电动机内部结构

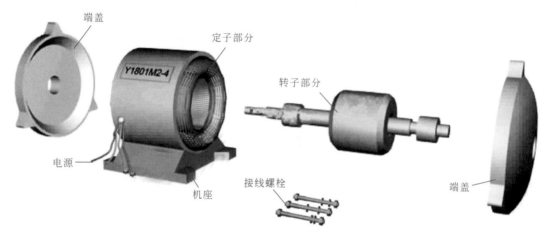

图 6-31　单相异步电动机分解结构

如图 6-32 所示为单相异步电动机的工作原理图，在向单相异步电动机的定子绕组中通入单相交流电后，当电流在正半周及负半周不断交变时，其产生的磁场大小及方向也在不断变化（按正弦规律变化），但磁场的轴线则沿纵轴方向固定不动，这样的磁场称为脉动磁场。

该磁动势可分解为两个幅值相等、方向相反的旋转磁动势，从而在气隙中建立正转和反转磁场和。这两个旋转磁场切割转子导体，并分别在转子导体中产生感应电动势和感应电流。该电流与磁场相互作用产生正、反电磁转矩。正向电磁转矩会驱使转子正转；反向电磁转矩会驱使转子反转。这两个转矩叠加起来就是推动电动机转动的合成转矩。

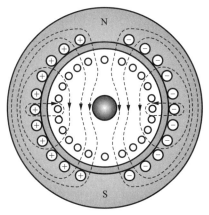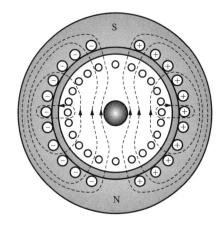

(a) 电流正半周产生的磁场
(b) 电流负半周产生的磁场

图 6-32　单相异步电动机的工作原理图

　　单相异步电动机按照启动方式的不同，可分为电阻启动式单相异步电动机和电容启动式单相异步电动机两大类。其中电阻启动式单相异步电动机，为了使其迅速启动，设有两组线圈，即主线圈和启动线圈，在启动线圈供电电路中设有离心开关。启动时，开关闭合，AC 220V 电压分别加到两相绕组中，由于两相线圈的相位成 90°，对转子形成启动转矩使电动机启动。当启动后达到一定转速时，离心开关受离心力的作用而断开，启动线圈停止工作，只由主线圈驱动转子旋转，如图 6-33 所示。

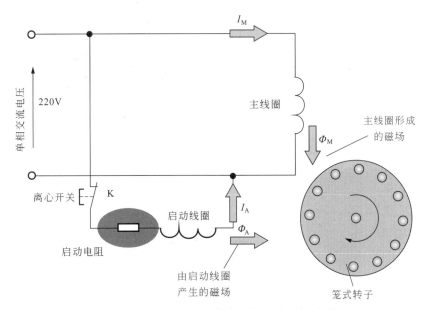

图 6-33　电阻启动式单相异步电动机电路

　　图 6-34 所示为电容启动式单相异步电动机电路图，为了形成旋转磁场，使启动绕组与电容串联，通过电容移相的作用，在加电时，同样可以形成启动磁场。

　　波轮式洗衣机中所使用的单相异步电动机，通常为电容启动式，如图 6-35 所示。该电动机主要是由电动机轴、风叶轮、线圈、铁芯、连接引线等部分组成，如图 6-36 所示。

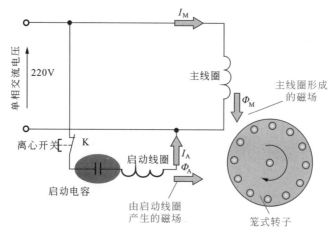

图 6-34　电容启动式单相异步电动机电路

图 6-35　波轮式洗衣机中的单相异步电动机和启动电容

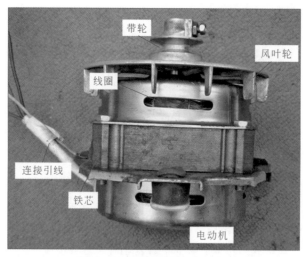

图 6-36　单相异步电动机

洗衣机中的单相异步电动机能够实现正反向频繁换转，是因为它有两个定子绕组，这两个定子绕组无正负之分，若其中一个绕组在做正向旋转时，该绕组为正绕组，待反向旋转时，就变成了负绕组，也就是说，这两个绕组在正反向旋转中交替地起到了正绕组和负绕组的作用。这两个绕组必须具有相同的电磁特性，也就是说绕组的线径、匝数、极距和节距等参数都必须相同，直流电阻值也相等，也就使这两个绕组正反向旋转具有同样的启动特性和转动力矩。

（2）滚筒式洗衣机的电动机

滚筒式洗衣机所使用的电动机主要包含电容运转式双速电动机、单相串励电动机和 DD 直驱式变速电动机三种，其中典型的滚筒式洗衣机通常采用电容运转式双速电动机和单相串励电动机，而 DD 直驱式变速电动机则是新型滚筒式洗衣机中的主流。

① 电容运转式双速电动机　电容运转式双速电动机又可简称为双速电动机，图 6-37 为双速电动机的实物外形图。

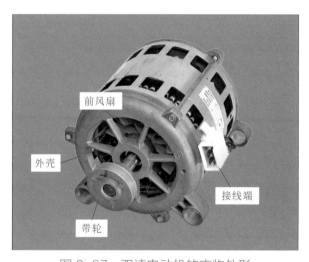

图 6-37　双速电动机的实物外形

在电动机内装有 2 套绕组，同在一个定子铁芯上，两套绕组为 12 极低速绕组和 2 极高速绕组。在洗涤过程中，由低速绕组工作，带动滚筒洗涤衣物，因此也可以称为洗涤电动机绕组。在脱水过程中，由高速绕组工作，带动滚筒高速运转，甩出衣物中的水分，因此也可以称为脱水电动机绕组。

双速电动机的电路结构如图 6-38 所示。其中 12 极绕组为洗涤电动机绕组，由主绕组、副绕组、公共绕组 3 种绕组组成。2 极绕组为脱水电动机绕组，由主绕组和副绕组 2 种绕组组成。

洗涤电动机绕组中主、副绕组控制电动机正、反方向运转，因此具有相同的线径、匝数、极距和节距。公共绕组的线径、匝数、极距和节距与主、辅绕组不同。这 3 种绕组采用 Y 形接法，3 种绕组呈 120°。

脱水电动机绕组只能单向运转，因此主、副绕组有明显的区别。主绕组的线径粗、匝数少、直流电阻小；副绕组的线径细、匝数多、直流电阻大。

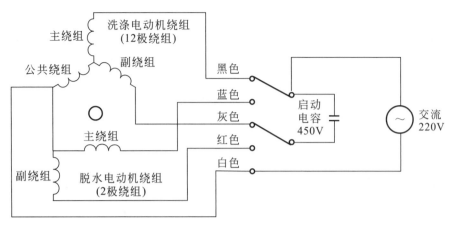

图 6-38　双速电动机的电路结构

2 套电动机绕组的公共端连接在一起，形成双速电动机的公共端。当连接洗涤电动机绕组（12 极绕组）时，洗衣机以低速带动滚筒运行，完成洗涤功能。当连接脱水电动机绕组（2 极绕组）时，洗衣机以高速带动滚筒运行，完成脱水功能。并且由程序控制器控制，将 2 套电动机绕组互锁，不允许 2 套电动机绕组同时接通运行。

双速电动机通过启动电容进行启动，启动电容将启动信号发送到程序控制器的电路板中，通过电路板对启动电容发送的信号进行处理后，输入到电动机中，对电动机的 2 套绕组分别进行启动／停止控制。

② 单相串励电动机　单相串励电动机主要由磁极、电驱、电刷和换向器四部分构成，而其中两个重要的部分为静止部分（定子）和转动部分（转子或电枢），如图 6-39 所示为单相串励电动机的内部结构示意图。单相串励电动机通过改变定子励磁绕组与转子绕组串联的极性来改变旋转方向，实现电动机不同方向的旋转。

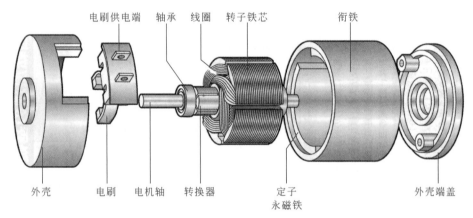

图 6-39　单相串励电动机的内部结构示意图

单相串励电动机与电子调速器配合使用，通过改变电子调速器的输出电压，改变电动机的转速。

③ DD 直驱式变频电动机　DD 直驱式变频电动机是目前新型滚筒式洗衣机最为常用的一种电动机，图 6-40 所示为 DD 直驱式变频电动机的实物外形。

DD 直驱式变频电动机主要由定子铁芯、转子铁芯、编码盘、机架、向心轴承等组成，如

图 6-41 所示，其向心轴承可承受一定的轴向力，使 DD 直驱式变频电动机在工作的过程中可稳定地旋转。定子铁芯部分由永磁铁和线圈绕组组成，永磁铁产生的磁场回路和线圈绕组产生的磁场回路产生磁力，并作用于齿隙，使转子沿着齿隙的磁场方向旋转。

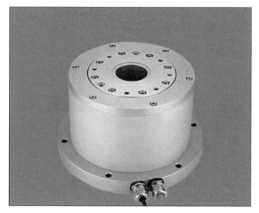

图 6-40　DD 直驱式变频电动机的实物外形

图 6-41　DD 直驱式变频电动机的内部结构

DD 直驱式变频电动机主要采用了转子和脱水桶直接连接的方式，中间不再有带轮和传动带的过渡连接，如图 6-42 所示。

图 6-42　DD 直驱式变频电动机连接方式

安装有 DD 直驱式变频电动机的洗衣机避免了带轮和传动带所带来的机械损耗，降低了洗衣机在工作中的噪声。

6.4.2　单相异步电动机的检修

① 波轮式洗衣机所使用的单相异步电动机是使用电容启动的，因此，在检修时，应先沿着数据线，找到启动电容，如图 6-43 所示。

② 电动机运转故障有可能是启动电容引起的，也有可能是电动机引起的或者是程序控制器（控制电路）的控制失常引起的。

图 6-43　波轮式洗衣机的单相异步电动机和启动电容

判断故障点时，应先将传动带拆下，再启动洗衣机，如图 6-44 所示。如果可以听到"嗡嗡"声，表明电路是接通的，电动机有电流通过，程序控制器（控制电路）是正常的；若电动机不转动，就表明故障是由启动电容或电动机引起的。

③ 检测启动电容时，应先将启动电容与电动机分离开，进行开路检测，以保证检测准确性，如图 6-45 所示。

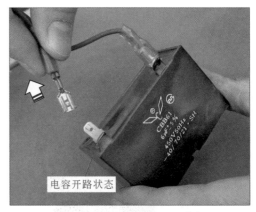

图 6-44　启动电动机　　　　　　　　　图 6-45　启动电容处于开路

④ 在使用万用表对启动电容进行检测时，应先检查启动电容引脚是否有松动情况，外壳是否有裂痕。

⑤ 从启动电容的标识可知该电容的电容量为"6μF±5%"，将万用表调整至 10kΩ 挡，用万用表的红、黑表笔分别检测启动电容的两端，然后再调换表笔进行检测，如图 6-46 所示。

⑥ 若启动电容正常，则在使用万用表对其进行检测时，万用表会出现充放电的过程，即从电阻值很大的位置摆动到零的位置，然后再摆回到电阻值很大的位置。

⑦ 若万用表指针不摆动或者万用表摆动到电阻为零的位置后不返回，以及万用表刚开始摆动时，摆动到一定的位置后不返回，均表示启动电容出现故障，需要对其进行更换。

⑧ 检测洗衣机的电动机，主要检测电动机启动绕组端的阻值、运行绕组端的阻值及启动运行端绕组的阻值，并对这三端的绕组的阻值进行比较，来判断电动机是否损坏。

图 6-46　检测启动电容

⑨ 通过颜色辨识电动机数据线可检测的地方，如图 6-47 所示。

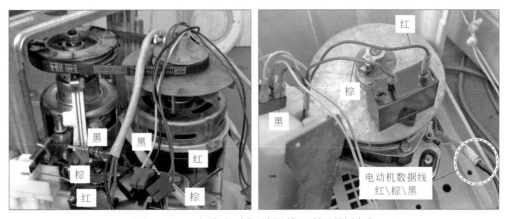

图 6-47　查找电动机数据线可检测的地方

一般情况下，黑色数据线为公共端，也就是启动 / 运行公用端，棕色和红色数据线则分别为启动端和运行端。

⑩ 将万用表调整挡位至 ×10Ω 挡，然后使用万用表检测电动机的棕色和黑色数据线之间的阻值，约为 $3.5 \times 10\Omega$，如图 6-48 所示。

波轮式洗衣
机单相异步
电动机的
检测

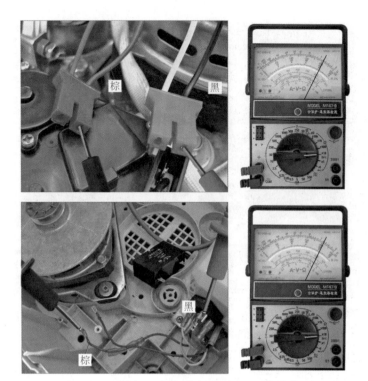

图6-48　棕色和黑色数据线之间阻值的检测

⑪ 万用表挡位不变，检测电动机的红色和黑色数据线之间的阻值，约为 $3.5 \times 10 \Omega$，如图6-49所示。

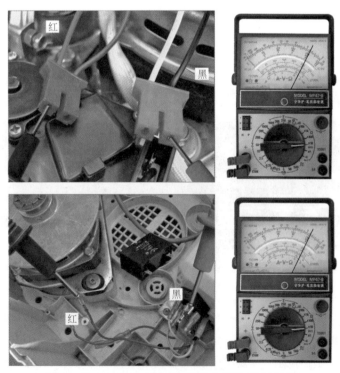

图6-49　红色和黑色数据线之间阻值的检测

⑫ 检测电动机红色和棕色数据线，检测启动 - 运行端的阻值，约为 $7 \times 10 \Omega$，如图 6-50 所示。

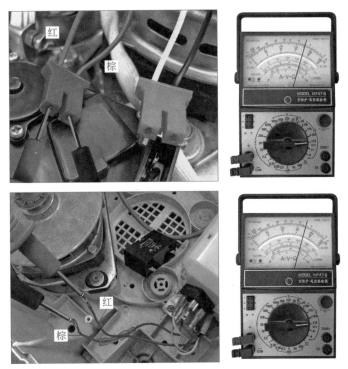

图 6-50　红色和棕色数据线之间阻值的检测

⑬ 检测完三端数据线后，若所测得的 $R_{棕黑}$ 和 $R_{红黑}$ 两阻值之和与 $R_{红棕}$ 相等，则表示所测的电动机正常；若所测得的 $R_{棕黑}$ 和 $R_{红黑}$ 两阻值之和，远大于或远小于 $R_{红棕}$，则表示电动机已经损坏，需要将其进行更换。

⑭ 如果检测电动机三端阻值均正常，再将电动机拆解，查看电动机内部的零件是否有损坏现象，或是直接更换电动机。

6.4.3　电容运转式双速电动机的检修

（1）初步判断电动机故障

① 双速电动机是通过电容进行启动的，因此，在判断电动机故障前，应先沿着数据线找到电动机的启动电容，如图 6-51 所示。

② 电动机不运转的故障有可能是启动电容损坏，或者程序控制器的电路板中元器件损坏所引起的。

判断故障点时，先将电动机的传动带拆下，再启动电动机，如果可以听到"嗡嗡"声，表明滚筒式洗衣机的电路是接通的，电动机有电流通过，启动电容与程序控制器电路板是正常的；若电动机不运转，则表明启动电容或程序控制器电路板出现故障。

③ 检测启动电容时，应先将启动电容与电动机分离开，进行开路检测，以保证检测准确性，如图 6-52 所示。

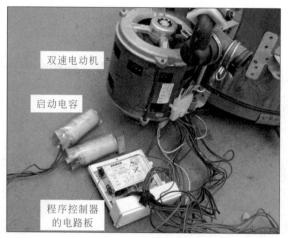

图 6-51　滚筒式洗衣机的双速电动机和启动电容

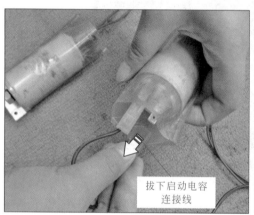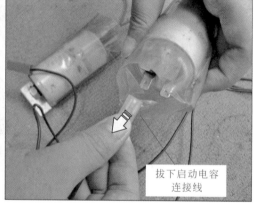

图 6-52　启动电容处于开路

　　④ 在使用万用表对启动电容进行检测时，若启动电容是在洗衣机使用后进行检测，则需要使用电阻器对启动电容进行放电操作，如图 6-53 所示。

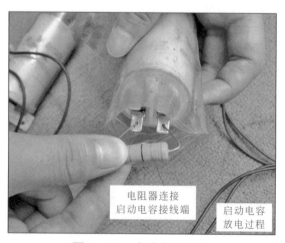

图 6-53　启动电容放电

⑤ 从启动电容的标识可知，该电容的电容量为"20μF±5%"，将万用表调整至×10kΩ挡，用万用表的红、黑表笔分别检测启动电容的两端，查看此时万用表指针变化；调换表笔后，再对启动电容进行检测，同样观察此时万用表指针变化，如图6-54所示。

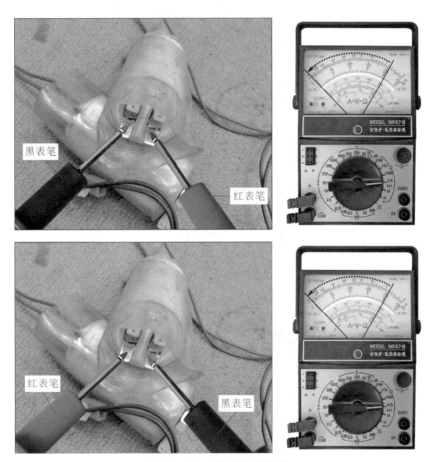

图 6-54　检测启动电容

⑥ 若启动电容正常，则在使用万用表对其进行检测时，万用表会出现充放电的过程，即从电阻值很大的位置摆动到零的位置，然后再摆回到电阻值很大的位置；若万用表指针不摆动或者万用表摆动到电阻为零的位置后不返回，以及万用表刚开始摆动时，摆动到一定的位置后不返回，均表示启动电容出现故障，需要对其进行更换。

⑦ 经检测后，启动电容均正常，则需检查电动机是否损坏。

（2）双速电动机的检修

检测洗衣机的双速电动机时，主要检测电动机的2极绕组和12极绕组中各绕组之间的阻值及其过热保护器的阻值，图6-55所示为双速电动机的连接线。

双速电动机的连接线中，过热保护器一般都采用同颜色的连接线进行连接，而12极绕组和2极绕组的公共端则采用双色线或黑色线表示。

① 为了保证双速电动机的检测值正常，在检测前，应将双速电动机与其他器件的连接插件取下，如图6-56所示。

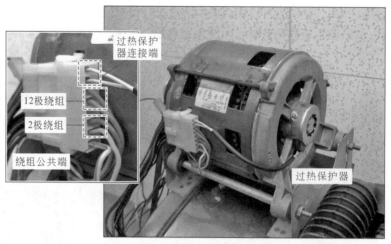

图 6-55 双速电动机的连接线

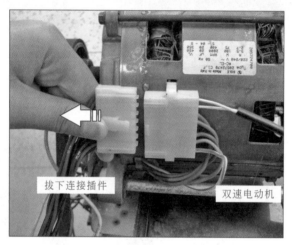

图 6-56 取下双速电动机连接插件

② 检测时，使用万用表检测过热保护器是否损坏。如图 6-57 所示，使用万用表的两支表笔分别检测过热保护器的两连接端，若过热保护器正常，则应可以检测到 27Ω 的阻值。

滚筒式洗衣机双速电动机的检测

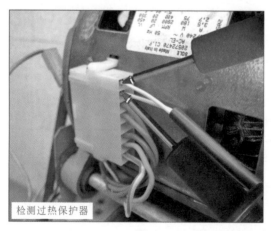

图 6-57 检测过热保护器

③ 若过热保护器正常，要分别检测 12 极绕组、2 极绕组中各绕组之间的阻值。使用万用表检测 12 极绕组的两端，如图 6-58 所示，若双速电动机正常，则应测得 28Ω 左右的阻值。

图 6-58　检测双速电动机 12 极绕组

④ 检测时，12 极绕组两端电阻值正常，再对 2 极绕组的两端进行检测，如图 6-59 所示，若 2 极绕组正常，其两端阻值应为 36Ω 左右。

图 6-59　检测双速电动机 2 极绕组

⑤ 检测后，12 极绕组和 2 极绕组两端阻值均正常，则需检测该 2 套绕组与公共端之间的阻值是否正常。

6.5　离合器的检修

离合器是全自动波轮式洗衣机实现洗涤和脱水功能转换的主要部件，也就是说只要带有脱水功能的波轮式洗衣机就会带有离合器。如图 6-60 所示，全自动洗衣机的电动机通过带动离合器实现洗涤 / 脱水工作，而无脱水功能的洗衣机，则是由电动机直接带动波轮轴进行洗涤工作。

图6-60 不同功能的波轮式洗衣机的离合器

6.5.1 离合器的特点

全自动波轮式洗衣机在洗涤过程中，波轮的旋转是通过离合器波轮轴实现的，当需要进行脱水工作时，实现离合器带动脱水桶高速旋转的目的。图6-61所示为离合器实物图，全自动波轮式洗衣机中所使用的离合器有定速离合器和变速离合器两种，从外形上很难区分，但是这两种离合器都是通过电动机带动旋转的，如图6-62所示，且各自的结构和工作方式各有不同。

图6-61 离合器实物

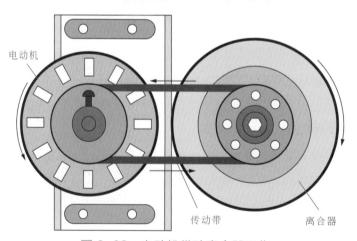

图6-62 电动机带动离合器工作

（1）定速离合器

图 6-63 为定速离合器的结构，主要由波轮轴（洗涤轴）、脱水轴、扭簧（方丝弹簧）、刹车臂（制动杠杆或拨叉）、刹车复位弹簧、抱簧（离合器弹簧）、刹车带、刹车盘、棘轮、棘爪等组成。

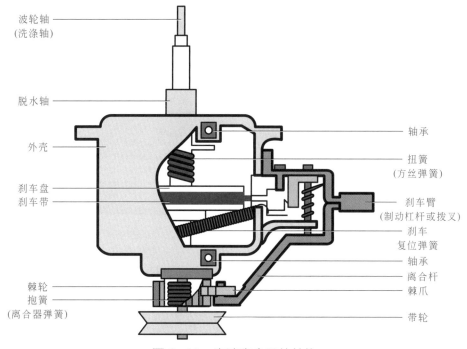

图 6-63　定速离合器的结构

定速离合器的波轮轴与脱水轴采用同心结构复合安装在一起。波轮轴用来固定波轮，脱水轴则通过法兰与脱水桶进行固定。

当洗衣机处于洗涤运转时，离合器的刹车臂带动棘爪插入棘轮，使抱簧松动，扭簧抱紧脱水轴，呈现出波轮轴运转、脱水轴不转的现象。当需要洗衣机进行脱水工作时，离合器刹车臂被控制，带动棘爪从棘轮上脱离开，抱簧和扭簧相互作用，使脱水轴和波轮轴能够一起运转，呈现出脱水桶旋转的现象。由于定速离合器没有减速功能，故洗涤和脱水的转速是一样的。

（2）变速离合器

目前，比较流行的全自动波轮式洗衣机的离合器都采用的是变速离合器，该离合器实际上就是在定速离合器的基础上增加了行星减速器，使其具有洗涤减速功能，故也可称之为减速离合器。

图 6-64 为变速离合器俯视图，从图中可以看到，与定速离合器一样，都是由刹车臂（制动杠杆或拨叉）、棘轮、棘爪、刹车带、离合杆等组成的。

变速离合器所增加的行星减速器位于变速离合器的内部，如图 6-65 所示。带轮中心为方形孔，由固定螺母固定在齿轮轴上，将带轮、齿轮轴和离合套连成一体。再由离合套与其他组件相连，实现转动。并且由棘爪和棘轮控制离合器的正、反方向旋转的工作状态。

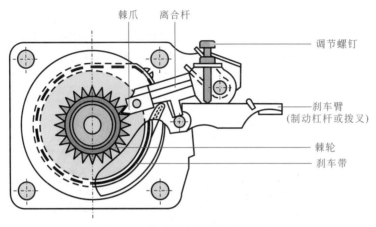

棘爪　离合杆

调节螺钉

刹车臂
(制动杠杆或拨叉)

棘轮

刹车带

图 6-64　变速离合器俯视图

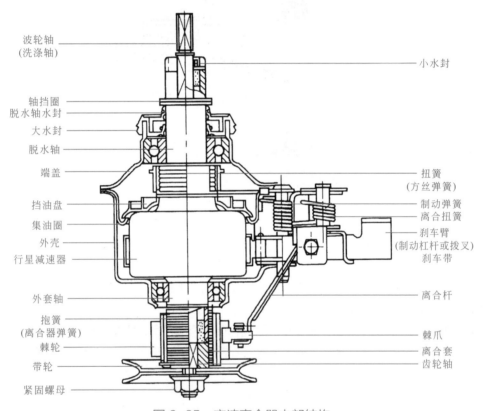

波轮轴
(洗涤轴)

小水封

轴挡圈
脱水轴水封
大水封
脱水轴
端盖

扭簧
(方丝弹簧)
制动弹簧
离合扭簧
刹车臂
(制动杠杆或拨叉)
刹车带

挡油盘
集油圈
外壳
行星减速器

外套轴
抱簧
(离合器弹簧)
棘轮
带轮
紧固螺母

离合杆

棘爪
离合套
齿轮轴

图 6-65　变速离合器内部结构

离合器中的减速器为行星减速器，其结构如图 6-66 所示。减速器的功能就是为了将洗涤和脱水功能的转速区分开，并且结合控制器，使波轮式洗衣机可以处于不同转速的工作状态，以适合洗涤不同的衣物。

变速离合器的动作受排水阀的控制，当洗衣机处于洗涤状态时，排水牵引器不动作，离合器刹车臂上的棘爪插入棘轮中，只让波轮轴（洗涤轴）处于工作状态；而处于脱水状态时，排水阀处于排水状态，带动离合器刹车臂，使棘爪退出棘轮，让波轮轴（洗涤轴）和脱水轴同时处于工作状态，并通过行星减速器，控制洗涤和脱水的转速。

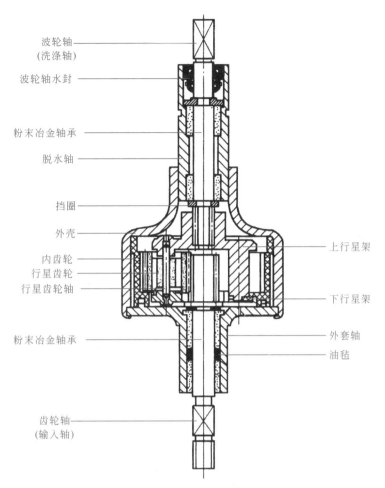

波轮轴
(洗涤轴)

波轮轴水封

粉末冶金轴承

脱水轴

挡圈

外壳

内齿轮

行星齿轮

行星齿轮轴

粉末冶金轴承

上行星架

下行星架

外套轴

油毡

齿轮轴
(输入轴)

图 6-66　行星减速器

　　洗涤状态时，波轮会顺时针、逆时针交替旋转，当波轮顺时针方向转动时，脱水桶也有顺时针跟转的倾向，此时，刹车带呈拉紧状态，并对减速器外壳产生摩擦力，从而阻止脱水桶跟转。当波轮逆时针方向转动的时候，同样脱水桶也有逆时针跟转的倾向，此时与脱水桶成一体的减速器外壳与扭簧之间的摩擦力将使弹簧的固定端拉紧，使减速器外壳不能跟转，也就是脱水桶不能跟转。也就是说，当顺时针旋转时，依靠刹车带来防止脱水桶跟转；当逆时针旋转时，依靠的则是扭簧来防止脱水桶跟转。

　　图 6-67 为全自动波轮式洗衣机的变速离合器，从图中可以看到紧固螺母、带轮、棘轮、棘爪、离合杆、刹车臂和刹车带。

带轮

紧固螺母

棘轮

棘爪

离合杆

刹车臂

刹车带

图 6-67　全自动波轮式洗衣机中的变速离合器

6.5.2　离合器的检修方法

① 当洗衣机处于"洗涤"状态时，棘爪插入棘轮内，如图 6-68 所示。此时转动传动带，离合器带轮转动，波轮轴也应跟着转动，但脱水桶不应转动。

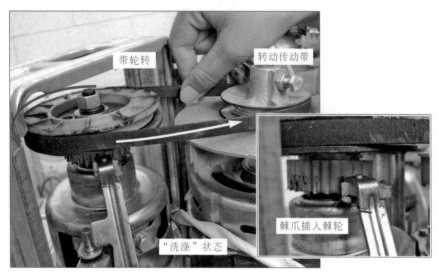

图 6-68　"洗涤"状态时的棘爪和棘轮

② 顺时针转动时，波轮转动良好，脱水桶不跟转，说明刹车装置良好，如图 6-69 所示。

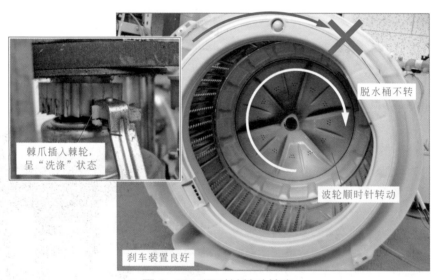

图 6-69　顺时针转动检查

③ 逆时针转动时，波轮转动效果仍然良好，脱水桶也不跟转，说明扭簧装置良好，如图 6-70 所示。

④ 当洗衣机处于"脱水"状态时，棘爪退出棘轮，如图 6-71 所示。

⑤ 此时转动传动带，离合器带轮转动，波轮轴和脱水桶同时转动，说明脱水轴和波轮轴之间的关联性良好，如图 6-72 所示。

图 6-70　逆时针转动检查

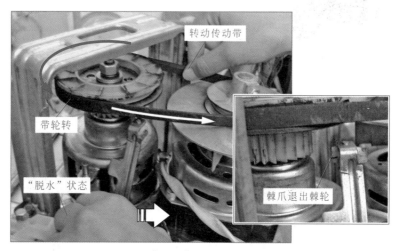

图 6-71　"脱水"状态时的棘爪和棘轮

图 6-72　"脱水"状态时检查离合器转动情况

⑥ 离合器通过刹车臂与排水阀牵引器相关联。检查刹车臂、棘爪与棘轮之间的动作是否协调，如图 6-73 所示。

⑦ 若经过检查发现刹车臂工作不协调，或是对离合器进行了重新安装后，需要将挡块和刹车臂之间的距离重新调整。

⑧ 如图 6-74 所示，先将挡块固定螺栓松开，使挡块处于可调状态。

图 6-73　检查刹车臂、棘爪与棘轮的工作状态

图 6-74　松开挡块固定螺栓

⑨ 移动挡块，直到与刹车臂之间的距离为 1 ～ 1.5mm 为止，如图 6-75 所示。

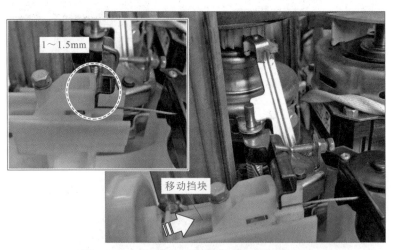

图 6-75　调整挡块与刹车臂之间的距离

⑩ 调整好以后，将挡块固定螺栓重新固定好即可。

6.6　带轮和传动带的检修

不论是波轮式洗衣机还是滚筒式洗衣机，都需要依靠带轮和传动带来传递动力。波轮式洗衣机的带轮分别安装在电动机和离合器或波轮上，通过传动带传递力矩，如图 6-76 所示。而滚筒式洗衣机的带轮则分别安装在电动机和滚筒上，再通过传动带传递力矩，如图 6-77 所示。

图 6-76 波轮式洗衣机的带轮和传动带　　图 6-77 滚筒式洗衣机的带轮和传动带

6.6.1 带轮和传动带的特点

（1）传动带的特点

传动带是传递力矩的必要装置之一，按照其外形的不同，可分为梯形传动带和扁平传动带。其中波轮式洗衣机多数采用的是梯形传动带，而滚筒式洗衣机多数则采用扁平传动带。

梯形传动带就是呈现梯形样式的，如图 6-78 所示，而扁平传动带则是内部带有一些纹路的，如图 6-79 所示。

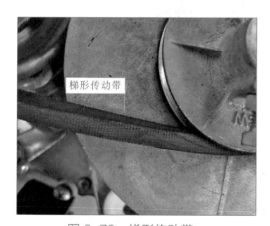

图 6-78 梯形传动带

图 6-79 扁平传动带

传动带与电动机或是离合器、滚筒的带轮相互作用，传递力矩。使用不同的传动带，所应用的带轮以及不同装置上带轮的样式各有不同，但其主要功能都是传递力矩。

（2）电动机带轮的特点

不同的电动机所使用的带轮略有区别，有些电动机的带轮带有风叶（如图 6-80 所示），除了作为传递力矩使用以外，还可以作为散热工具使用。而有些带轮则只能作为传递力矩使用，如图 6-81 所示。

图 6-80　带风叶的带轮

图 6-81　不带风叶的带轮

　　根据使用的传动带的不同，带轮的形状也是不同的，使用梯形传动带的带轮凹槽呈梯形，如图 6-82 所示，而使用扁平传动带的带轮则没有凹槽，如图 6-83 所示。

图 6-82　梯形传动带使用的带轮　　　　图 6-83　扁平传动带使用的带轮

电动机不同样式的带轮的固定方式也不同，有的是采用紧固螺栓固定的，如图 6-84 所示，有的则是使用键槽固定的，如图 6-85 所示。

图 6-84　使用紧固螺栓固定的带轮

图 6-85　使用键槽固定的带轮

（3）离合器带轮的特点

波轮式洗衣机离合器上的带轮样式应与电动机的一样，采用的是紧固螺母固定的梯形凹槽带轮，如图 6-86 所示。

（4）波轮带轮的特点

对于没有使用离合器的波轮式洗衣机，则是将波轮直接安装在带轮上，这个带轮的样式同样需要与电动机和所使用的传动带相适应，如图 6-87 所示。

图 6-86　离合器上的带轮

图 6-87　波轮上的带轮

（5）滚筒带轮的特点

滚筒式洗衣机是通过电动机直接驱动滚筒来完成洗衣工作的，因此在滚筒上安装有与电动机和传动带相适应的带轮，如图 6-88 所示。这个带轮是通过紧固螺钉直接固定在滚筒上的。

图 6-88　滚筒上的带轮

6.6.2　带轮和传动带的检修方法

① 检查传动带与带轮之间的关联是否良好，如是否有偏移现象，传动带偏移如图 6-89 所示。

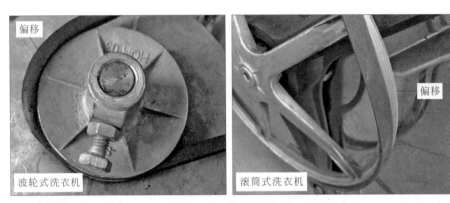

图 6-89　传动带偏移

② 发现传动带偏移，将影响洗衣机的运转情况，伴随着噪声的产生，严重时，将从带轮上脱离开。因此应及时将偏移的传动带与带轮校正好，如图 6-90 所示。

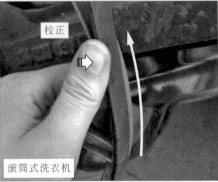

图 6-90　校正带轮和传动带

③ 用手传送传动带，发现仅传动带本身转动，带轮不转，如图6-91所示。则表明传动带磨损严重，与带轮之间无法产生摩擦力。

图6-91　传动带磨损严重

④ 当发现传动带磨损严重时，只需要更换新的传动带即可。

⑤ 更换传动带，或是移动带轮后，应注意传动带的张紧力，以（13～18N)/5mm 为宜，如图6-92所示。

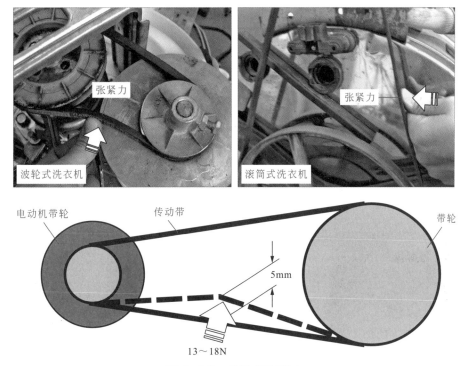

图6-92　传动带张紧力

<blockquote>
第7章

洗衣机给排水系统的检修
</blockquote>

7.1　波轮式洗衣机给排水系统的结构

7.1.1　波轮式洗衣机的给水系统

波轮式洗衣机的给水系统主要由进水电磁阀和水位开关组成。图 7-1 为波轮式洗衣机给水系统的基本结构。

波轮式洗衣机的进水电磁阀实现对洗衣机自动给水和自动停注水，洗衣桶内的水位由水位开关检出，通过水位开关内触点开关的转换来转换程序控制器的控制电路，进而控制进水电磁阀的通断电，图 7-2 为波轮式洗衣机的进水电磁阀和水位开关的安装位置。

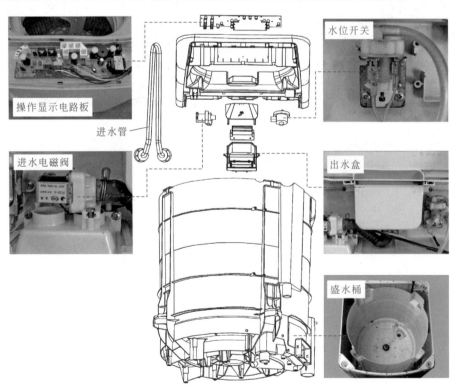

图 7-1　波轮式洗衣机给水系统的基本结构

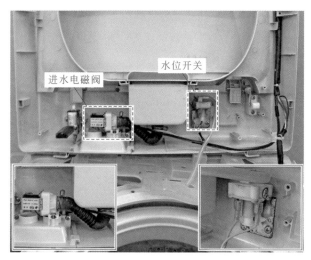

图 7-2　波轮式洗衣机进水电磁阀和水位开关的安装位置

7.1.2　波轮式洗衣机的排水系统

一般的波轮式洗衣机的排水系统主要由排水阀和排水阀牵引器组成，排水阀牵引器又分为电磁铁牵引器和电动机牵引器两种，波轮式洗衣机的排水系统主要采用下排水方式进行排水。

（1）电磁铁牵引式排水系统的结构

电磁铁牵引式洗衣机的排水系统主要由排水阀和电磁铁牵引器组成。图 7-3 为电磁铁牵引式洗衣机排水系统的基本结构。

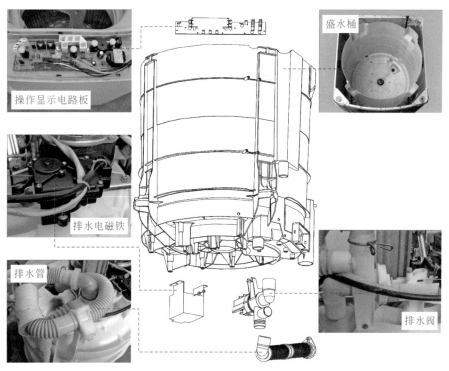

图 7-3　电磁铁牵引式洗衣机排水系统的基本结构

排水时，电磁铁牵引器衔铁被吸引，电磁铁牵引器拉杆拉动内弹簧。当内弹簧的拉力大于外弹簧的弹力和橡胶阀的弹力时，外弹簧被压缩，带动橡胶阀移动。当橡胶阀被移动时，排水通道就被打开了，洗衣桶内的水将被排出。

为排水阀提供动力的电磁铁牵引器，根据供电方式的不同，又可以分为交流电磁铁牵引器和直流电磁铁牵引器。这两种电磁铁牵引器的排水阀除了供电方式不同，其工作原理是一样的。图7-4为波轮式洗衣机的电磁铁牵引器和排水阀的安装位置。

（2）电动机牵引式排水系统的结构

电动机牵引式洗衣机的排水系统与电磁铁牵引式洗衣机的排水系统相同，只是电动机牵引式洗衣机的排水系统中的牵引器为电动牵引器。

电动机牵引式排水阀在开启状态时，电动机旋转，牵引钢丝被拉动，同时带动排水阀内部的内弹簧。当内弹簧的拉力大于外弹簧的弹力和橡胶阀的弹力时，外弹簧被压缩，带动橡胶阀移动。当橡胶阀被移动时，排水通道就被打开了，洗衣桶内的水将被排出，图7-5为波轮式洗衣机的电动牵引器和排水阀的安装位置。

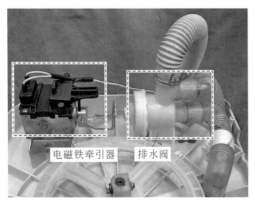

图7-4　波轮式洗衣机的电磁铁牵引器
　　　　和排水阀的安装位置

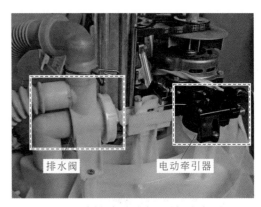

图7-5　波轮式洗衣机的电动牵引器
　　　　和排水阀的安装位置

7.2　滚筒式洗衣机给排水系统的结构

7.2.1　滚筒式洗衣机的给水系统

滚筒式洗衣机的给水系统主要由进水电磁阀和水位开关两部分组成，图7-6所示为滚筒式洗衣机给水系统的基本结构。

进水电磁阀通过与进水管和料盒组件连接，将水分送入外桶中，用来实现为滚筒式洗衣机自动给水和自动停水的功能。根据程序控制器控制不同洗涤要求，对滚筒式洗衣机进行高、低水位的控制。当进水电磁阀为滚筒式洗衣机注入的水达到预定的水位时，水位开关检测到其洗涤需要的水位高度后，将检测出的信号传送给程序控制器的控制电路，控制进水电磁阀的通断电，进而使洗衣机进入洗涤状态。

7.2.2　滚筒式洗衣机的排水系统

滚筒式洗衣机的排水系统通常采用上排水方式，主要由排水泵组成，图7-7所示为滚筒式洗衣机排水系统的基本结构。

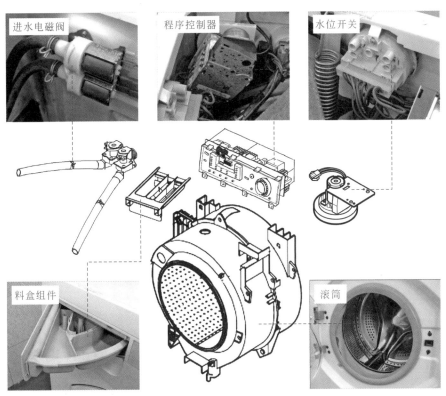

图 7-6　滚筒式洗衣机给水系统的基本结构

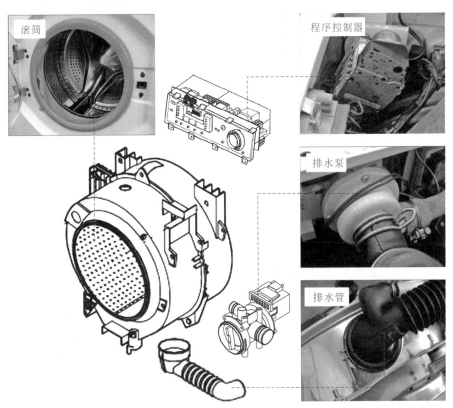

图 7-7　滚筒式洗衣机排水系统的基本结构

排水泵通过排水管和外桶连接，将洗涤后的水排出洗衣机，滚筒式洗衣机的排水泵通常包括单相罩极式排水泵和永磁式排水泵，两者通过不同的电动机进行带动，来实现洗衣机的排水功能。

7.3 进水电磁阀的结构

7.3.1 进水电磁阀的种类特点

洗衣机的给水系统都是由进水电磁阀实现给水控制的，进水电磁阀又称为进水阀或注水阀，通过控制进水电磁阀可以实现洗衣机自动注水和自动停止注水。通过水位开关将检测到的水位信号送给程序控制器，进而控制进水电磁阀的通断电。

进水电磁阀根据水流方向的不同可分为直体式进水电磁阀和弯体式进水电磁阀，如图7-8所示。其中直体式进水电磁阀多用于滚筒式洗衣机中，而弯体式进水电磁阀既可应用于波轮式洗衣机又可应用于滚筒式洗衣机中。

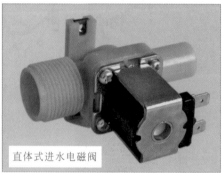

弯体式进水电磁阀　　　　直体式进水电磁阀

图 7-8　直体式进水电磁阀和弯体式进水电磁阀

进水电磁阀根据出水口的个数不同还可分为单出水进水电磁阀、双出水进水电磁阀和多出水进水电磁阀。图7-8中的进水电磁阀就是单出水进水电磁阀，图7-9为双出水进水电磁阀和多出水进水电磁阀。其中单出水进水电磁阀多应用于波轮式洗衣机中，而双出水进水电磁阀和多出水进水电磁阀则多应用于滚筒式洗衣机中。

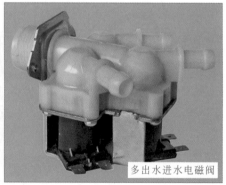

双出水进水电磁阀　　　　多出水进水电磁阀

图 7-9　双出水进水电磁阀和多出水进水电磁阀

目前波轮式洗衣机和普通滚筒式洗衣机的给水系统大多数采用弯体式进水电磁阀,而具有多功能的滚筒式洗衣机(洗涤和烘干功能)的给水系统则采用双出水进水电磁阀,以便实现限流、烘干功能。图7-10为不同洗衣机所使用的进水电磁阀。

图 7-10　不同洗衣机所使用的进水电磁阀

7.3.2　弯体式进水电磁阀

图7-11为波轮式洗衣机给水系统所使用的进水电磁阀,该机所采用的是弯体式进水电磁阀,安装在洗衣机围框的后面,由出水盒控制器调节出水量的多少。

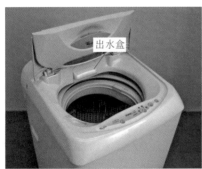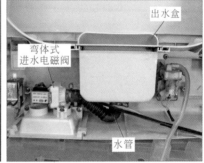

图 7-11　波轮式洗衣机使用的弯体式进水电磁阀

如图7-12所示,进水电磁阀与进水口挡板、水管、出水盒等构成一个整体,用于控制洗衣机给水量。

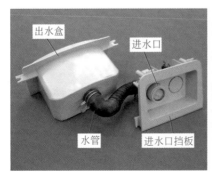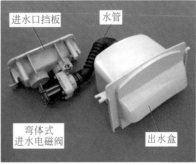

图 7-12　进水电磁阀、出水盒和水管

图 7-13 为弯体式进水电磁阀内部结构图，图 7-14 为弯体式进水电磁阀结构实物图。从图中可以看出，进水电磁阀主要是由进水口、进水阀、过滤网、出水口、橡胶阀、塑料盘、铁芯、小弹簧、线圈、引脚等构成，其中进水电磁阀的线圈和骨架被制成了一体并封死，以便于防水。并且由橡胶阀和塑料盘与出水口紧密接触，将阀座内腔分成了上下两个空间。上空间与进水口相通，可称为控制腔；下空间与出水口相通，可称为进水腔。在进水电磁阀处于关闭状态时，加压孔将上下两个腔连通起来。

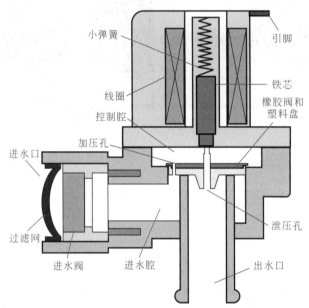

图 7-13　弯体式进水电磁阀内部结构图

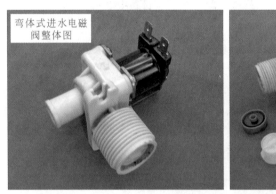

图 7-14　弯体式进水电磁阀结构实物图

电磁阀的铁芯在骨架内部，铁芯和滑道之间装有小弹簧，如图 7-15 所示。进水口和出水口处都有橡胶阀，如图 7-16 所示，其中出水口处的橡胶阀既用于开启阀门，又用于关闭阀门，也是线圈骨架和阀体间的密封橡胶垫，因此橡胶阀和塑料盘被制成一体。塑料盘上有 2 个小针孔，一个是位于中间的泄压孔，一个是位于旁边的加压孔，并且泄压孔大于加压孔，如图 7-17 所示。

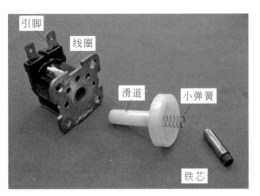

图 7-15　电磁阀的铁芯

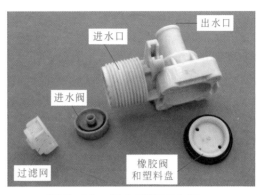

图 7-16　进水口和出水口

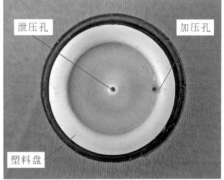

图 7-17　橡胶阀和塑料盘

　　弯体式进水电磁阀工作原理如图 7-18 所示。在不通电的状态下，铁芯在小弹簧的弹力作用下被向外推，正好压住橡胶阀和塑料盘上的泄压孔。此时若是加水，水就会从加压孔进入控制腔内。由于控制腔内的水不能流出，使得控制腔与进水腔内的水压相等。在弹簧弹力、铁芯重力和水压压力的共同作用下，使得挨着控制腔的橡胶阀面的压力大于进水腔一侧的压力，因此橡胶阀被紧紧地压住，水流无法流入出水口，起到了封闭作用。在通电的状态下，

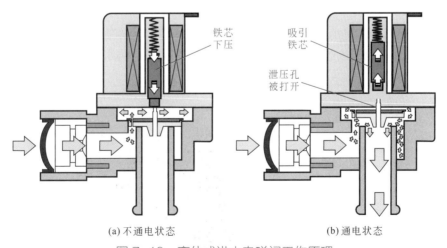

(a) 不通电状态　　　　　　　　　　　(b) 通电状态

图 7-18　弯体式进水电磁阀工作原理

电磁力会克服小弹簧的弹力，将铁芯吸附住。此时，泄压孔就被打开了，由于泄压孔比加压孔大，控制腔内的水会很快地流出，控制腔内的压力逐渐小于进水腔的压力，橡胶阀也就逐渐地被顶开，进水电磁阀处于开启进水状态。

需要注意的是，线圈通电吸引铁芯的时候，磁力要大于铁芯下端所受的压力差。因此水压越大，就需要更大的磁力吸引铁芯。当水压过高时，线圈产生的磁力就不够吸引铁芯了。所以，洗衣机进水电磁阀对于自来水的压力也是有要求的，最好不要大于 0.8MPa。同样，当铁芯对泄压孔进行封闭的时候，水的压力太低，会导致进水电磁阀的控制腔内的压力过小，无法起到良好的密封作用，甚至会出现进水电磁阀漏水现象。由此可见，洗衣机进水电磁阀对于自来水的最低压力同样有要求。通常规定，不能低于 3×10^4Pa（约 0.3 个大气压）。

7.3.3　直体式进水电磁阀

如图 7-19 所示为直体式进水电磁阀内部结构图。其工作原理与弯体式进水电磁阀基本相同。

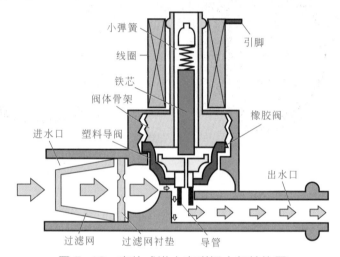

图 7-19　直体式进水电磁阀内部结构图

7.3.4　双出水进水电磁阀

如图 7-20 所示为滚筒式洗衣机的给水系统所使用的进水电磁阀，该滚筒式洗衣机所采用的是双出水进水电磁阀，该电磁阀通过进水管与物料组件连接，将水送入外桶中。

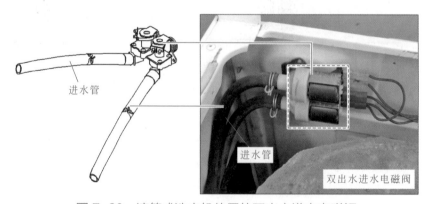

图 7-20　滚筒式洗衣机使用的双出水进水电磁阀

如图 7-21 所示，双出水进水电磁阀与进水管、物料盒、外桶等构成一体，为滚筒式洗衣机供水。

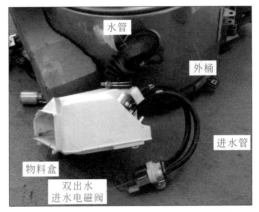

图 7-21　双出水进水电磁阀、物料盒和外桶

图 7-22 所示为双出水进水电磁阀的正反面外形图，从图中可知，双出水进水电磁阀通过 1 个进水口将水源送入的水，通过 2 个出水口送入滚筒式洗衣机的外桶中。

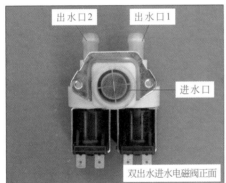

图 7-22　双出水进水电磁阀正反面外形图

图 7-23 所示为双出水进水电磁阀的分解图。从图中可以看出，双出水进水电磁阀主要由进水口、橡胶垫、阀垫、进水阀、电磁线圈等构成。其中进水电磁阀的进水阀和骨架制成一体，被封死，以便于起到密封不漏水的作用。

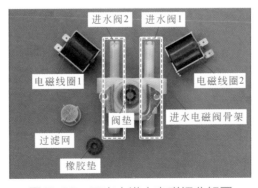

图 7-23　双出水进水电磁阀分解图

　　图7-24所示为双出水进水电磁阀的内部结构俯视图，图7-25为双出水进水电磁阀侧视图。从图中可以看出，橡胶垫与阀垫紧密接触，通过阀垫上的凸起柱将橡胶垫垫起，并留有一定的空间可以让水流通过。双出水进水电磁阀的进水腔和出水口处，通过进水阀的开启/关闭等一系列的动作对水流进行控制。

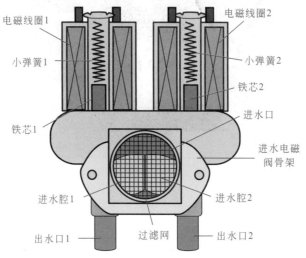

图 7-24　双出水进水电磁阀俯视图

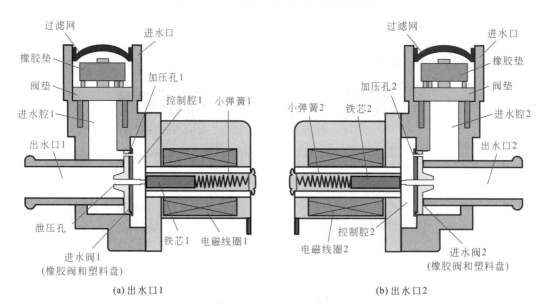

(a) 出水口1　　　　　　　　　　　　　　　　　(b) 出水口2

图 7-25　双出水进水电磁阀侧视图

　　滚筒式洗衣机进水时，根据进水快慢的要求，主要分为两种控制方式，即单/双进水方式。当滚筒式洗衣机要求进水速度快时，双出水进水电磁阀的两个电磁线圈均为通电状态，电磁线圈中有电流通过形成电磁力，较大的电磁力会克服小弹簧的弹力，将铁芯吸附住。此时，泄压孔就被打开了，由于泄压孔比加压孔大，控制腔内的水很快地流出，控制腔内的压力逐渐小于进水腔的压力，橡胶阀也就逐渐地被顶开，进水电磁阀处于开启进水状态，其工作原理如图7-26所示。

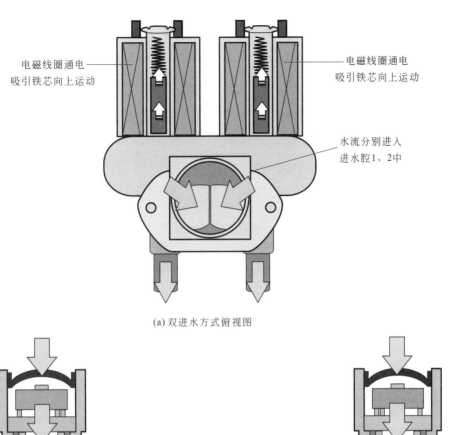

电磁线圈通电
吸引铁芯向上运动

电磁线圈通电
吸引铁芯向上运动

水流分别进入
进水腔1、2中

(a) 双进水方式俯视图

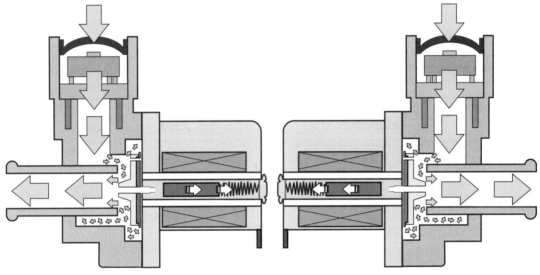

(b) 双进水方式侧视图

图 7-26　双进水方式

当滚筒式洗衣机采用单进水方式，即要求进水速度慢的状态，其中 1 个进水电磁阀为不通电状态。当电磁线圈 1 为不通电状态时，该进水电磁阀的铁芯在小弹簧的弹力作用下被向外推，正好压住橡胶阀塑料盘上的泄压孔。进水口向进水腔 1 中加水，水从加压孔进入控制腔 1 内，由于控制腔 1 的水不能流出，也使得控制腔 1 与进水腔 1 内的水压相等。在弹簧力、铁芯重力和水压压力的共同作用下，使得紧挨控制腔 1 的橡胶阀面的压力大于进水腔 1 一侧的压力。因此橡胶阀被紧紧地压住，水流无法流入出水口 1，起到了减缓双出水进水电磁阀的进水速度，其工作原理如图 7-27 所示。

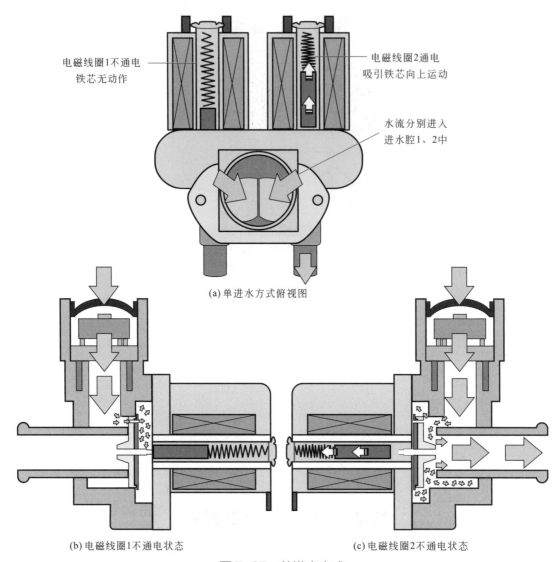

电磁线圈1不通电
铁芯无动作

电磁线圈2通电
吸引铁芯向上运动

水流分别进入
进水腔1、2中

(a) 单进水方式俯视图

(b) 电磁线圈1不通电状态

(c) 电磁线圈2不通电状态

图 7-27 单进水方式

7.4 进水电磁阀的检修

7.4.1 弯体式进水电磁阀的检修

① 检测进水电磁阀时，先将洗衣机启动，感觉洗衣机的进水电磁阀处是否有振动，或者是否可以听到轻微的"嗡嗡"声。

② 如果有振动或者可以听到轻微的"嗡嗡"声，再使用万用表检测其供电电压是否低于180 V，如果供电电压太低无法带动进水电磁阀工作，如图 7-28 所示，将万用表旋至交流电压挡，启动洗衣机后，用万用表测量进水电磁阀两接线端的电压值。如果测得的电压值在 AC 180 ～ 220V 之间，说明故障点在进水电磁阀上；如果所测得的电压值低于 AC 180V，说明洗衣机的供电方面出现问题，需要检测洗衣机的电源供电端。

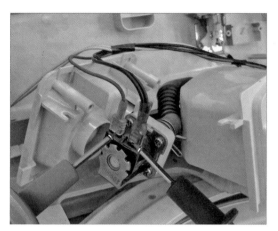

洗衣机进水电
磁阀的检测

图 7-28　检测进水电磁阀供电电压

③ 测量进水电磁阀的供电电压在 AC 180 ～ 220V 之间，需要将进水电磁阀拆卸下来，对其进行进一步的检修。

④ 如图 7-29 所示，观察进水电磁阀的电磁线圈部分的密封外皮是否有变形，以及检查引脚是否良好，与数据线之间的连接是否良好。如果进水电磁阀电磁铁部分密封的外皮已经变形，表明进水电磁阀的电磁铁线圈已经烧坏；而进水电磁阀两接线端如果断裂，将导致进水电磁阀无法供电，并且会导致洗衣机出现漏电现象。

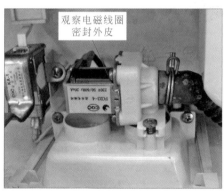
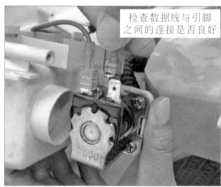

图 7-29　观察进水电磁阀外形

⑤ 经查看后发现进水电磁阀外形良好，且两接线端没有出现断裂现象，再使用万用表检测进水电磁阀两接线端的阻值，如图 7-30 所示。正常情况下，进水电磁阀两引脚端的阻值约为 3.5kΩ。如果阻值趋向无穷大，表明电磁线圈已经烧毁或断路；如果阻值趋于零，表明电磁线圈短路，此时，就需要更换电磁线圈或直接更换进水电磁阀。

⑥ 更换进水电磁阀时，要选用型号相同的进水电磁阀，以免所更换的进水电磁阀与洗衣机不匹配，致使洗衣机进水电磁阀无法使用。

⑦ 使用多年的洗衣机，还要检查进水电磁阀的过滤网，是否有被严重锈蚀或被堵塞等情况。如果出现堵塞现象，使用清洁毛刷或牙刷等工具进行清洁即可，如图 7-31 所示。如果出现被严重锈蚀现象，则需要更换过滤网。

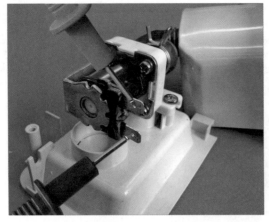

图 7-30　检测进水电磁阀两引脚端阻值

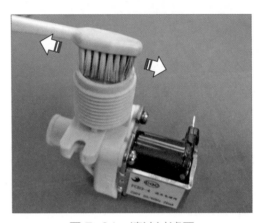

图 7-31　清洁过滤网

⑧ 有的进水电磁阀从外观看起来很完好，但其内部结构有可能出现老化、被锈蚀和堵塞等不同程度的损坏。

⑨ 拆解进水电磁阀时，首先应先将其从进水口挡板上取下来，如图 7-32 所示。

洗衣机进水电磁阀的拆卸代换方法

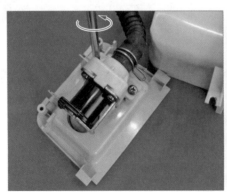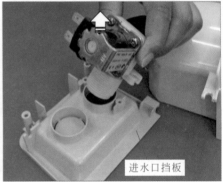

进水口挡板

图 7-32　取下进水电磁阀

⑩ 进水电磁阀出水口通过密封夹连接水管，如图 7-33 所示，将密封夹取下，并分离水管与出水口。

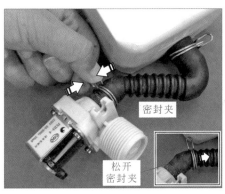

密封夹

松开
密封夹

分离水管
和出水口

图 7-33　分离水管和出水口

⑪ 将固定电磁线圈的 4 个螺钉取下，就可以将电磁线圈与进水电磁阀阀座分离，如图 7-34 所示。

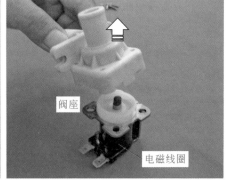

阀座

电磁线圈

图 7-34　分离电磁线圈和阀座

⑫ 分离后就可以看到内部结构了，如图 7-35 所示。

塑料盘

铁芯

引脚

滑道

阀座

橡胶阀

电磁线圈

图 7-35　内部结构

⑬ 将进水电磁阀完全拆解后，便可以检查进水电磁阀出现故障时其部件的情况了。一般先查看橡胶阀是否出现老化现象，图 7-36 为查看进水电磁阀的橡胶阀。如果橡胶阀出现老化现象，需选择与其相连的塑料盘匹配的橡胶阀进行更换，以免更换后，进水电磁阀无法使用。

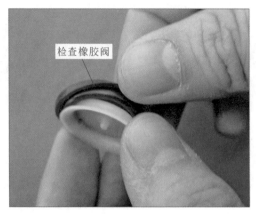

图 7-36　检查橡胶阀

⑭ 接下来，要检查塑料盘的泄压孔和加压孔是否被污物堵塞，检查时，需要借助缝衣针等较细的工具，如图 7-37 所示。

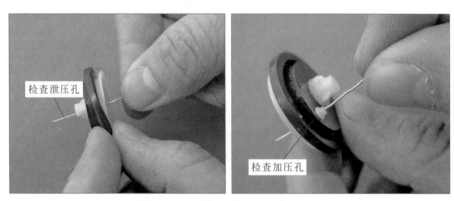

图 7-37　检查泄压孔和加压孔

⑮ 若泄压孔、加压孔和橡胶阀均没有问题，再查看进水电磁阀的阀座导管是否出现堵塞现象，进水阀橡胶垫是否老化，过滤网是否堵塞，如图 7-38 所示。使用透明塑料管的阀座导管，只需将阀座倾斜查看即可。

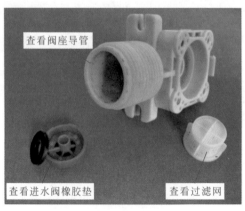

图 7-38　检查阀座导管、进水阀橡胶垫、过滤网

⑯ 将进水电磁阀损坏的部位更换，或者直接更换进水电磁阀后，再启动洗衣机进行进水操作，如果出现进水方面的问题，则需要继续检查洗衣机的其他部位器件。

7.4.2 双出水进水电磁阀的检修

双出水进水电磁阀若损坏将导致洗衣机无法进水、无法充入洗衣粉、漏水等故障，在检修时，要仔细查看洗衣机的故障现象，查找出故障点。

滚筒式洗衣机的进水电磁阀与料盒组件相连，水进入料盒组件后，才会流入外桶中。打开滚筒式洗衣机的料盒组件，查看料盒组件中是否有水，可以判断洗衣机是否为不进水故障，如图 7-39 所示。

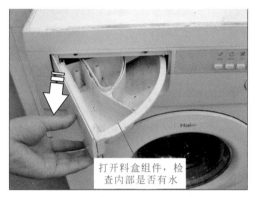

图 7-39　判断滚筒式洗衣机是否为不进水故障

将进水电磁阀通过进水管与水龙头连接（即水源），接通水龙头后，查看进水管是否有漏水现象，并查看滚筒式洗衣是否有"嗡嗡"的声音。

滚筒式洗衣机电源接通，打开水龙头后，没有水漏出，但洗衣机不进水，则主要对进水电磁阀组件进行检修。

（1）初步判断双出水进水电磁阀

① 当进水电磁阀不进水时，将进水管取下，查看进水管是否堵塞。可将进水管与水龙头单独连接，打开水龙头后，若进水管有水流出则表明进水管良好，如图 7-40 所示。

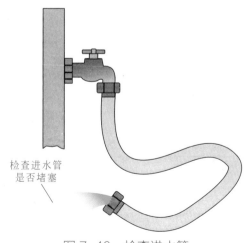

图 7-40　检查进水管

② 检查后，若进水管没有水流出，表明进水管有堵塞的现象，使用比进水管管路直径小的木棍或其他较硬物品将进水管内的堵塞物取出。

③ 若进水管良好，查看进水电磁阀的进水过滤网是否被水垢等堵塞。将进水管从进水电磁阀的进水口处拧下。由于进水管采用塑料制成，因此，在拧下进水管时，不要用力过猛以防止进水管被拧坏，无法与进水电磁阀紧密连接，造成漏水故障。拧下进水管后，检查进水电磁阀的过滤网，如图 7-41 所示。

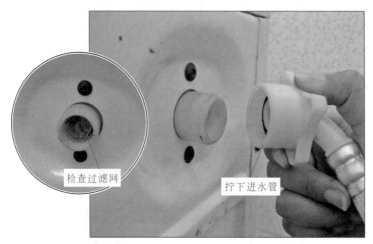

检查过滤网　　拧下进水管

图 7-41　检查进水电磁阀过滤网是否被堵塞

④ 经过检查后，进水管和进水电磁阀的过滤网均良好，表明故障点在洗衣机的电路部分，或进水电磁阀已经损坏，需要进一步进行检修。

（2）通电判断进水电磁阀故障

将洗衣机通电后，使用万用表检测进水电磁阀的供电电压。将万用表的量程调整至交流电压挡，分别检测进水电磁阀的 2 个电磁线圈的供电端是否有 180 ～ 220V 的交流电压，如图 7-42 所示。

若检测时，没有 180 ～ 220V 的交流电压，则表明故障出现在程序控制器部分，应对程序控制器进行检修。

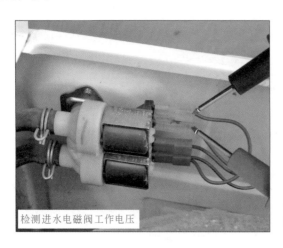

检测进水电磁阀工作电压

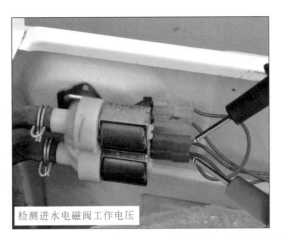

检测进水电磁阀工作电压

图 7-42　检测进水电磁阀的供电电压

若检测时，可以检测到 180 ～ 22V 的电压，则表明故障出现在进水电磁阀处，应将进水电磁阀拆卸后，对进水电磁阀进行检修。

（3）进水电磁阀的检修方法

① 将进水电磁阀拆卸后，观察进水电磁阀的线圈部分的密封外皮是否变形，并重新插拔进水电磁阀的连接线，如图 7-43 所示。

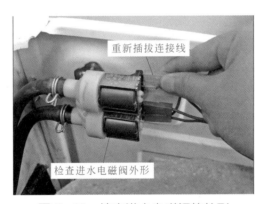

重新插拔连接线

检查进水电磁阀外形

图 7-43　检查进水电磁阀的外形

如果进水电磁阀的电磁线圈密封的外皮已经变形，表明进水电磁阀的电磁线圈已经被烧坏。若在插拔进水电磁阀的连接线时，连接线的接线端断裂，则会导致进水电磁阀无法供电，甚至导致洗衣机出现漏电现象。

② 若进水电磁阀的外形良好，重新插拔进水电磁阀的接线端后，启动滚筒式洗衣机查看进水是否良好。

③ 若进水依旧失常，则将进水电磁阀的接线端拔下，如图 7-44 所示。使用万用表检测进水电磁阀的 2 个电磁线圈接线端之间的电阻值，如图 7-45 所示。

在正常情况下，进水电磁阀电磁线圈接线端之间的电阻值约为 3.5kΩ。如果检测时，阻值趋向无穷大，表明电磁线圈已经烧坏或断路；如果阻值趋于零，表明电磁线圈之间有短路。此时，就需要将损坏的电磁线圈进行更换，或直接更换进水电磁阀。

洗衣机维修
从入门到精通

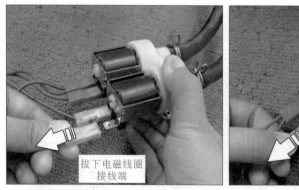
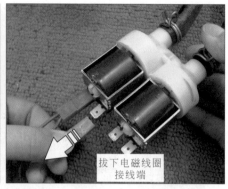

图 7-44　拔下电磁阀接线端

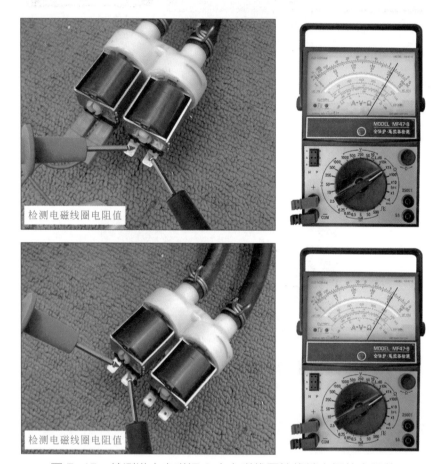

图 7-45　检测进水电磁阀 2 个电磁线圈接线端之间的电阻值

 提示

更换进水电磁阀时，要选用型号相同的进水电磁阀，以免所更换的进水电磁阀与
洗衣机不匹配，致使洗衣机进水电磁阀无法使用。

④ 将进水电磁阀的出水口通过密封夹连接水管。分离进水电磁阀时，需使用尖嘴钳将密
封夹向水管方向移动，如图 7-46 所示，拔下水管。

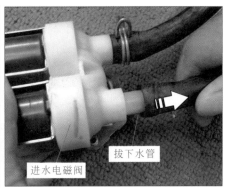

图7-46　拔下水管

⑤ 将其中一根水管拔下后，检查进水电磁阀的出水口是否堵塞，如图7-47所示。由于该进水电磁阀为双出水进水电磁阀，因此，一侧的出水口堵塞是导致洗衣机进水速度慢的主要原因。

图7-47　检查出水口是否堵塞

⑥ 检查所拆卸的出水口正常，则需将另一侧的水管拆下，查看另一侧的出水口是否有堵塞情况，如图7-48所示。

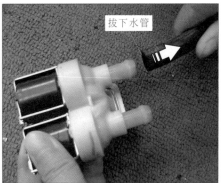

图7-48　拆下另一侧水管

⑦ 将进水电磁阀的2根出水口处的水管拔下后，便已经将进水电磁阀拆卸下来了，如图7-49所示。

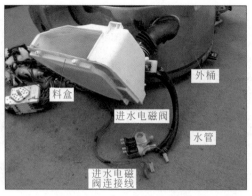

图 7-49　拆卸后的进水电磁阀

⑧ 将进水电磁阀拆卸后，检查进水电磁阀出水口的水管是否有堵塞的现象，如图 7-50 所示，将水管通过连接软管与水龙头连接，若有水从料盒中流出，表明水管管内没有堵塞的现象。

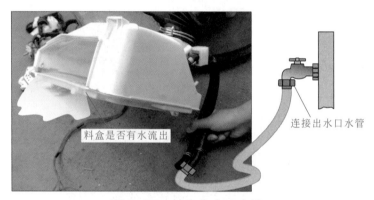

图 7-50　检查出水口水管

⑨ 出水口水管没有堵塞现象，则需将进水电磁阀拆解检查。

⑩ 若进水电磁阀的过滤网存在被严重锈蚀或被堵塞等情况，使用清洁毛刷或牙刷等工具进行清洁，如图 7-51 所示。如果出现被严重锈蚀则需要更换过滤网。

⑪ 更换过滤网时，通过平口钳或尖嘴钳夹住过滤网后，即可将过滤网取出，如图 7-52 所示。

图 7-51　清洁过滤网

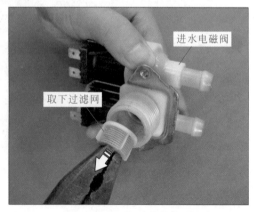

图 7-52　取出过滤网

⑫ 过滤网不需更换，则取下过滤网后，检查进水电磁阀的阀垫是否良好，橡胶垫是否老化，老化的橡胶垫很容易与水中的杂质粘连，造成进水口的堵塞，如图 7-53 所示。

⑬ 若进水电磁阀的橡胶垫有老化现象，使用镊子将其取出，进行更换即可，如图 7-54 所示。

图 7-53　检查进水电磁阀的橡胶垫和阀垫

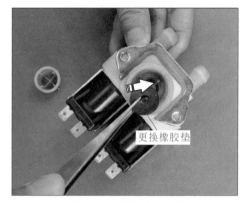

图 7-54　更换橡胶垫

⑭ 橡胶垫更换完成后，检查进水电磁阀的进水阀是否有堵塞现象，如图 7-55 所示。

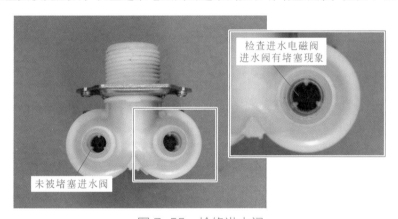

图 7-55　检修进水阀

⑮ 若检查时进水阀有堵塞现象，使用较细的铁丝或回形针将进水阀疏通，如图 7-56 所示。

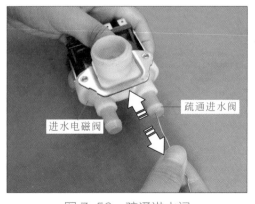

图 7-56　疏通进水阀

⑯ 更换电磁线圈时，需要借助一字螺丝刀进行拆卸，使用一字螺丝刀撬起电磁线圈的卡扣，即可将电磁线圈取下，如图7-57所示。

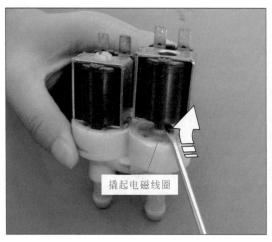
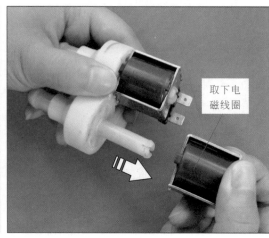

撬起电磁线圈

取下电磁线圈

图 7-57　取下电磁线圈

7.5　水位开关的结构

7.5.1　水位开关的种类特点

　　水位开关是控制洗衣机盛水桶水位高低的电气元件，通过与盛水桶的气室构成水压传递系统，从而实现对水位高低的控制。水位开关与进水电磁阀在洗衣机电路中是串联关系，当进水水位到达选定水位的时候，水位开关就会切断进水电路，从而使进水电磁阀停止进水，开始接通加热、洗涤电路。

　　水位开关根据控制能力的不同，可分为单水位开关、双水位开关和多水位开关，图7-58所示为单水位开关和双水位开关。其中单水位开关主要用于波轮式洗衣机当中，而双水位开关和多水位开关则主要应用于滚筒式洗衣机当中，如图7-59所示。

单水位开关

双水位开关

图 7-58　单水位开关和双水位开关

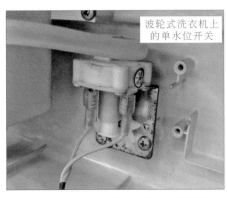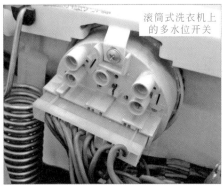

图 7-59　不同洗衣机所使用的水位开关

7.5.2　单水位开关

图 7-60 为波轮式洗衣机给水系统所使用的水位开关，该机所采用的是单水位开关，安装在洗衣机围框的后面，由水位调节钮控制水位选择。

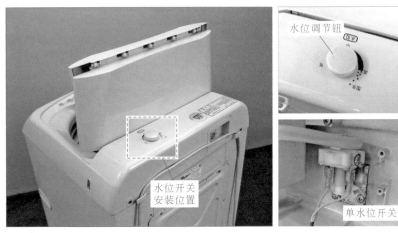

图 7-60　波轮式洗衣机使用的单水位开关

波轮式洗衣机的单水位开关通过软水管与盛水桶的气室连接，形成水压传递系统，如图 7-61 所示。

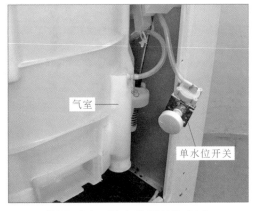

图 7-61　单水位开关和气室

图 7-62 为单水位开关内部结构。图 7-63 为单水位开关结构实物。单水位开关只有一组触点，其中公共端用 COM 表示，常开端用 NO 表示，常闭端用 NC 表示，单水位开关的常闭端（NC）与公共端（COM）实际上可以公用，因此，有些单水位开关只有两个引脚端，有些则有三个引脚端，如图 7-64 所示。

洗衣机水位开关的工作原理

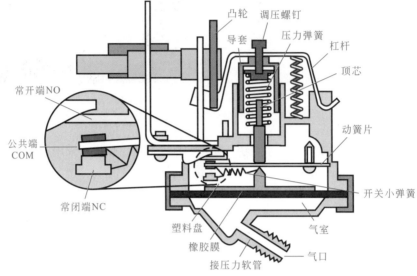

图 7-62　单水位开关内部结构

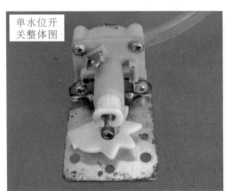

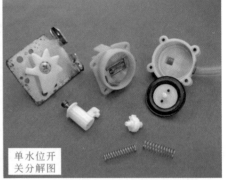

图 7-63　单水位开关结构实物

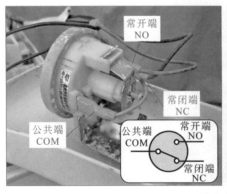

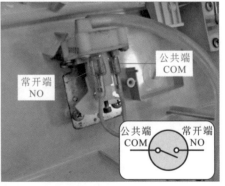

图 7-64　单水位开关的引脚端

单水位开关调节水位高低是依靠凸轮设定的，图 7-65 为 6 个旋转挡位的凸轮形状。其中 5 个为水位挡，1 个为补水挡。水位挡 1 ～水位挡 5、补水挡，各凸点到轴心的距离逐渐增大，相应的水位也就越来越高。如果在选择最高水位挡（如水位挡 5），感觉水量仍然不够，可以旋转到补水挡，再次注入水量。当注水完成以后，单水位开关会自动从补水挡回到水位挡 5 的位置上。由此可见，补水挡也可以说是不设定水位的强制注水挡。

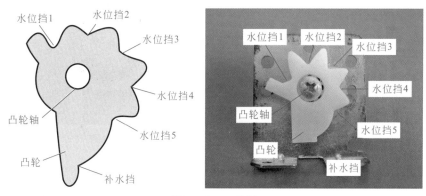

图 7-65　凸轮

动簧片是单水位开关的控制核心，其结构如图 7-66 所示，由内簧片和外簧片组成。其中外簧片一端的孔是用来固定动簧片的，另一端为公共端 COM 触点。开关小弹簧被安装在内外簧片上。内簧片的中心点，可分别与塑料盘、顶芯相接触，图 7-67 为单水位开关的塑料盘和顶芯，其中塑料盘与橡胶膜固定在一起。

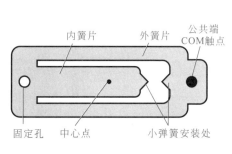
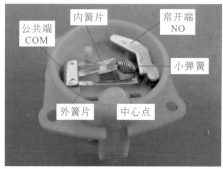

图 7-66　动簧片结构

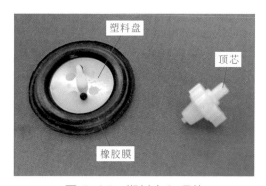

图 7-67　塑料盘和顶芯

顶芯安装在单水位开关中动簧片的上方，而塑料盘和橡胶膜则是安装在单水位开关中动簧片的下方，用于挡住气口，如图7-68所示。

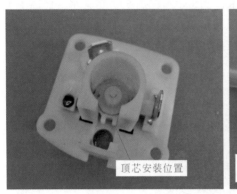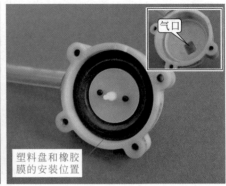

图 7-68　顶芯、塑料盘和橡胶膜的安装位置

图7-69为单水位开关的工作原理，在不通电和洗衣桶内水位不足的状态下（如排水、注水过程），在压力弹簧的作用下，顶芯和塑料盘向下移，动簧片上的公共端COM和常闭端NC处于接触状态；在选择好水位高低之后，开始向洗衣桶内注入水时，气室内的一部分空气被密封，随着进水量的增加，洗衣桶内的水位逐渐升高，气室内的压力也会不断地增加。当压力推动橡胶膜和塑料盘的时候，动簧片也随着移动、变形。动簧片上有顶芯，当洗衣桶内水位到达一定的位置时，动簧片所受到的压力会使动簧片上的公共端COM与常开端NO接触。此时，通过连接电线通知程序控制器水已经注好，程序控制器就会再通知进水电磁阀关闭，进水电路也将被关闭，洗衣机开始进入洗涤状态。

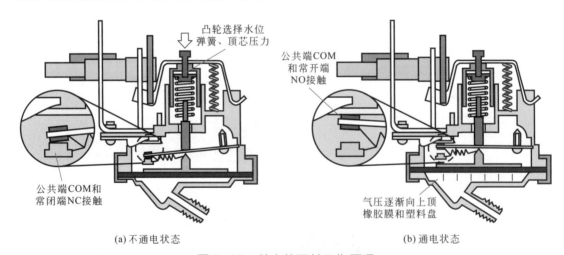

(a) 不通电状态　　　　　　　　　　　　　　　(b) 通电状态

图 7-69　单水位开关工作原理

7.5.3　双水位开关和多水位开关

滚筒式洗衣机的多水位开关主要通过接线插件连接接线端子，而双水位开关的接线端子较少，通过直接插接即可。

（1）双水位开关

图7-70所示为双水位开关的结构，从图中可知，双水位开关主要由高水位常开端、高水

位常闭端、高水位公共端、低水位常开端、低水位常闭端、低水位公共端、高 / 低水位调压螺钉和气室口组成，并且双水位开关主要通过高 / 低水位调压螺钉对水位开关的位置进行调节。

双水位开关的工作原理与单水位开关的工作原理基本相似，都由气室中的气压进行控制，只是双水位开关内部拥有高 / 低水位两组触点，图 7-71 所示为双水位开关的电路符号。

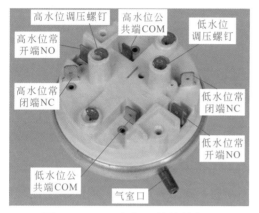

图 7-70　双水位开关的结构

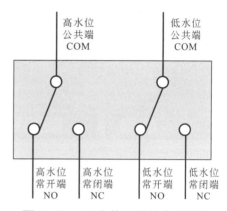

图 7-71　双水位开关的电路符号

（2）多水位开关

图 7-72 为海尔克林 SQG50-AL600TXBS 滚筒式洗衣机的给排水系统所使用的水位开关，该滚筒式洗衣机采用的是多水位开关，安装在洗衣机的箱体内部，通过程序控制器的不同洗涤要求，对滚筒式洗衣机进行高、低水位的控制。

滚筒式洗衣机的多水位开关通过软水管与外桶的气室连接，形成水压传递系统，如图 7-73 所示。

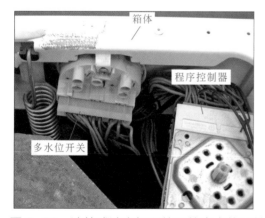

图 7-72　滚筒式洗衣机所使用的多水位开关

图 7-73　多水位开关和气室

图 7-74 为多水位开关的外部结构图。从图中可知，该水位开关共有 10 个接线端子。其中，㉜、㉞、㉛为一组水位控制，㊱、⑪、⑭、⑫ 为一组水位控制，㉒、㉔、㉑ 为一组水位控制，该三组水位控制开关主要通过调压螺钉来控制内部水位高低。

图 7-75 所示为多水位开关的内部结构。从图中可以看出多水位开关主要有三个水位控制

开关，分别为低水位开关、中水位开关和高水位开关，通过控制架对三个水位进行通断的控制。

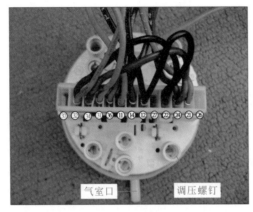

图 7-74　多水位开关的外部结构图

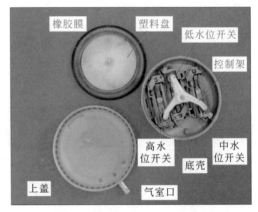

图 7-75　多水位开关的内部结构图

多水位开关的水位控制主要通过调压螺钉进行调整，如图 7-76 所示，调压螺钉主要调节水位开关两侧的开关触点，对洗衣机的水位进行控制。

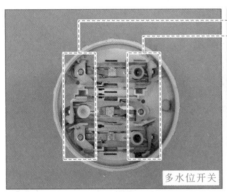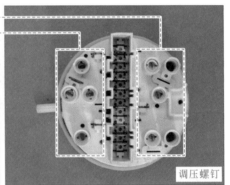

图 7-76　多水位开关的水位控制

图 7-77 所示为多水位开关的其中一个水位控制开关的简易内部结构，从图中可以看出，水位控制开关主要由橡胶膜、塑料盘、控制架、气室、调压螺钉、常闭触点、常开触点和公共触点组成。通过公共触点的上下动作，分别接通常开触点或常闭触点。

图 7-78 所示为多水位开关的工作原理。滚筒式洗衣机在不通电或桶内水位不足的状态下，多水位开关的气室口无足够的气压使控制架动作，水位开关无动作。当向洗衣机桶内给水时，桶内的水位逐渐上升，气室口的气压逐渐增大，推动橡胶膜向上动作及塑料盘向上动作，当达到多水位开关一定的气压要求时，塑料盘推动控制架向上运动，控制架推动公共端弹簧片动作，使公共触点与常闭触点分离，与常开触点接通。此时，通过连接线通知程序控制器水位已达到可洗涤条件，程序控制器便控制进水电磁阀停止工作，进水电路同时关闭，洗衣机开始进入洗涤状态。

由于多水位开关分别包含有低水位控制开关、中水位控制开关和高水位控制开关，因此，随着气压的不断增大，三个水位控制开关的动作顺序为"低水位控制开关→中水位控制开关→高水位控制开关"。当满足滚筒式洗衣机的水位要求时，多水位开关的接线端子便将其水位信号传送到程序控制器中，对滚筒式洗衣机的水位进行控制。

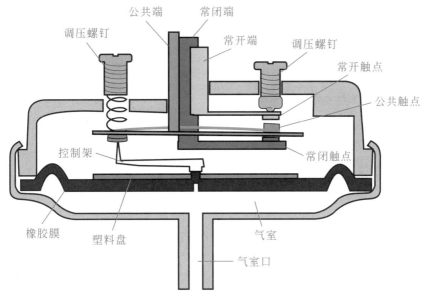

图 7-77　多水位开关的其中一个水位控制开关的简易内部结构

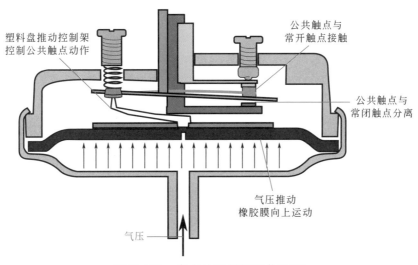

图 7-78　多水位开关的工作原理

7.6　水位开关的检修

7.6.1　单水位开关的检修

① 通过旋转水位调节钮到不同的位置，查看单水位开关的拨轮、套管及弹簧是否出现移位或者有没有变化等情况，如图7-79所示。

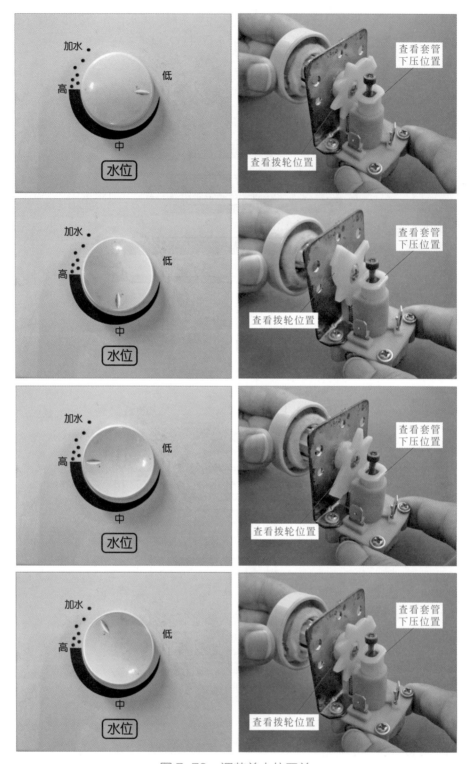

图 7-79　调节单水位开关

② 若感觉单水位开关的套管下压位置不明显，可以通过多次下压套管进行测试。图 7-80 所示为检查套管及单水位开关的杠杆及弹簧弹性是否灵敏。

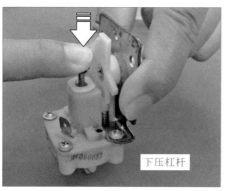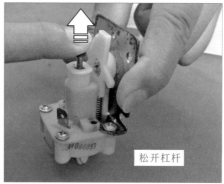

下压杠杆

松开杠杆

图 7-80　检查单水位开关杠杆及弹簧的弹性

③ 如果在调整单水位开关时，查看外部组件没有发现损坏器件，再将单水位开关轻轻晃动，如图 7-81 所示。如果里面有撞击声，表明单水位开关内部的零件已经损坏，此时需要更换单水位开关。

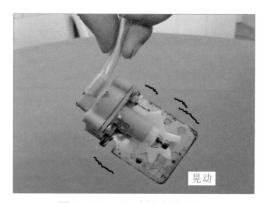

晃动

图 7-81　晃动单水位开关

④ 若没有听到撞击声，则需要使用万用表进行检测。根据单水位开关各个触点的标识可以很容易看出公共端（COM）和常开端（NO）。然后将万用表调整到欧姆挡，用万用表检测单水位开关的公共端和常开端的接通情况，如图 7-82 所示。

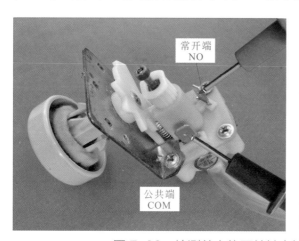

常开端
NO

公共端
COM

图 7-82　检测单水位开关触点接通情况

⑤ 通常检测单水位开关触点的接通情况是在没有水压传递的状态下的，此时的公共端和常开端应处于断开接触状态，因此使用万用表检测时，指针指向∞。如果检测发现阻值为0Ω，则应重点检查单水位开关内部零部件。

⑥ 拆卸时，将固定凸轮的 2 个螺钉取下，如图 7-83 所示，就可以将凸轮及其固定支架取下来了。

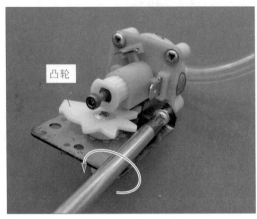
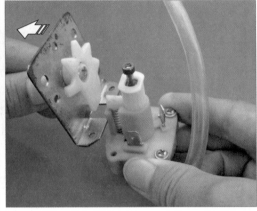

图 7-83　取下凸轮

⑦ 取下凸轮以后就可以将杠杆取下来，如图 7-84 所示，在杠杆的下方有 2 个压力弹簧，拆卸时需要额外注意，以免弹簧丢失。

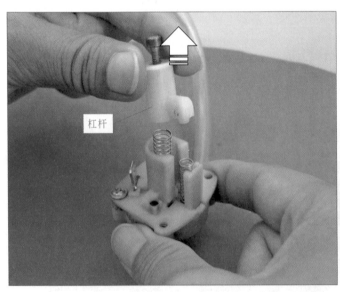

图 7-84　取下杠杆

⑧ 在压力弹簧下面就是顶芯，只需要将单水位开关倒过来，就可以将其从滑道中扣出来，如图 7-85 所示。

⑨ 将单水位开关的另外 2 个固定螺钉取下后，就可以看到内部结构了，如图 7-86 所示。

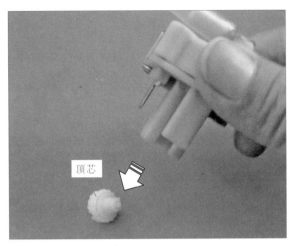

图 7-85　倒扣出顶芯

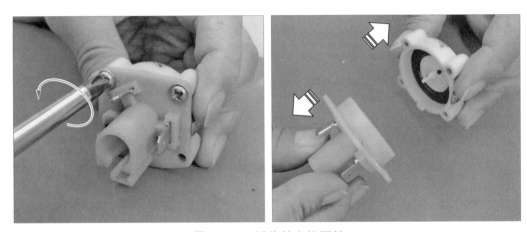

图 7-86　拆分单水位开关

⑩ 拆分单水位开关以后，就可以看到其内部的动簧片、塑料盘以及橡胶膜，如图 7-87 所示。

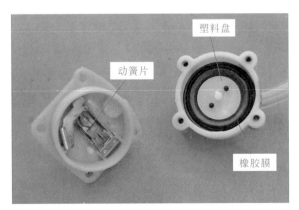

图 7-87　单水位开关内部结构

⑪ 取出塑料盘和橡胶膜，检查橡胶膜是否有老化、破损情况，如图 7-88 所示。

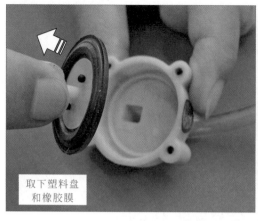

取下塑料盘
和橡胶膜

检查橡胶膜

图 7-88　检查橡胶膜

⑫ 图 7-89 为检查动簧片的性能，检查时可以人工拨动动簧片，感受其性能是否灵敏。

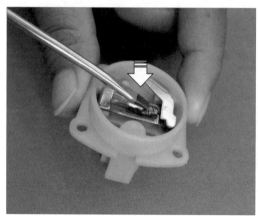

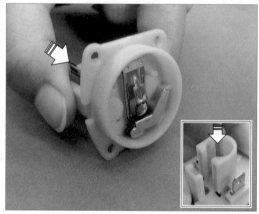

图 7-89　检查动簧片的性能

⑬ 经过检查，如果发现单水位开关内部零部件有损坏的现象，则应对单水位开关进行更换。

⑭ 如果经过检修发现单水位开关没有损坏，则应检查与单水位开关配合工作的水压传递系统，即软水管和气室。

7.6.2　单水位开关水压传递系统的检修

单水位开关工作需要与气室相配合，因此除了对单水位开关进行检修之外，还要对水压传递系统进行检修，如是否出现漏气等异常现象。

① 单水位开关与气室之间是通过软水管进行连接的，因此需要检查软水管与单水位开关和气室之间的连接是否正常，有无脱开或漏气现象，如图 7-90 所示。

② 如果软水管有脱落，则表明单水位开关失去控制能力，重新将软水管插好，并使用黏结剂将其与单水位开关接口处进行密封并扎紧。

③ 如果软水管出现漏气现象，检测软水管是否有小孔或裂痕等现象。如果没有，可重新将软水管扎紧，并使用黏结剂将其黏合牢固；如果出现小孔或裂痕等现象，重新更换软管即可。

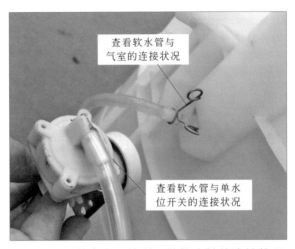

图 7-90　检查水压传递系统软水管的连接状况

④ 如果软水管有堵塞或弯折等现象，将其导通、理直后重新安装到水位开关接口处即可。

⑤ 气室漏气也会导致单水位开关失灵，因此需要检查气室的密封性是否良好，如图 7-91 所示。

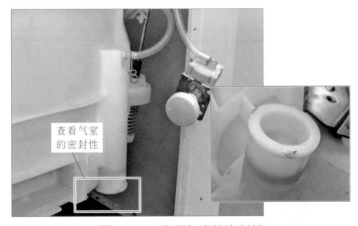

图 7-91　查看气室的密封性

7.6.3　多水位开关的检修

滚筒式洗衣机通常采用多水位开关对给排水系统进行控制，如果水位开关损坏将导致滚筒式洗衣机进水但不工作、不进水、不排水或边进水边排水等给排水异常现象，在对多水位开关进行检修时，还要注意对水压传递系统的检查。

（1）初步判断多水位开关

当进水电磁阀向内桶供水后，在内桶边沿的气室孔中会有水进入气室中，当气室中充入水后，空气通过水流向下运动，触动多水位开关的公共端与常开端连接，导通多水位开关的连接线，程序控制器便可以动作。若内桶边沿的气室孔被堵塞，则将导致内桶中的水流无法进入气室中，便无法为多水位开关提供可动作的气压。

① 将多水位开关拆卸后，检查多水位开关的气室口与连接管是否连接紧固，如图 7-92 所

示。若连接管与多水位开关的连接不紧密，气室向多水位开关提供的空气会通过连接管与气室口的间隙泄漏，无法为多水位开关提供其动作的气压。

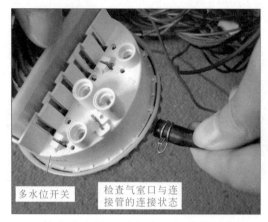

图 7-92　检查多水位开关气室口与连接管的连接状态

② 如果软水管有堵塞或弯折等现象，将其导通、理直后重新安装到水位开关接口处即可。

③ 若连接管与气室口连接有松动现象，使用尖嘴钳将连接管与气室口的密封夹重新夹紧即可。

④ 若连接管与水位开关的气室口连接良好，则需将连接管取下，检查连接管是否有老化、裂痕等现象。用尖嘴钳将多水位开关气室口的密封夹向连接管处移动，此时，即可将连接管取下，如图 7-93 所示。

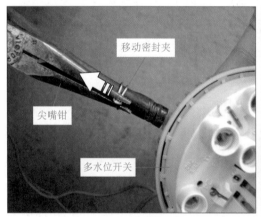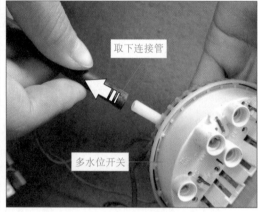

图 7-93　取下连接管

⑤ 检查连接管是否漏水的常用方法是向连接管中充入水。如果连接管有漏水现象，则需要更换一根新的连接管。

（2）多水位开关的维修

① 检查多水位开关的气室口是否有堵塞的现象，若气室口有堵塞现象，使用较细的大头针或缝衣针对气室口进行疏通，如图 7-94 所示。

② 将多水位开关的气室口疏通后，晃动多水位开关，若有碰撞的声音，表明多水位开关中的零件已经损坏，此时应将水位开关进行更换，如图 7-95 所示。

图 7-94　疏通水位开关气室口

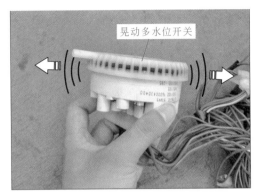

图 7-95　晃动多水位开关

③ 水位开关采用气压控制方式进行水位控制。检修时，通过借助吸管等比较干净卫生的管状物体，向气室口吹气。若可以听到三声"咔"的声音，则表明水位开关的三个控制开关良好，如图 7-96 所示。

图 7-96　吹气判断多水位开关是否损坏

④ 由于水位开关采用气压控制方式进行水位控制，检修时，通过气室口向水位开关中吹气，使用万用表分别检测水位开关的低水位控制开关、中水位控制开关和高水位控制开关中公共触点与常开触点的连接是否良好，如图 7-97 所示。

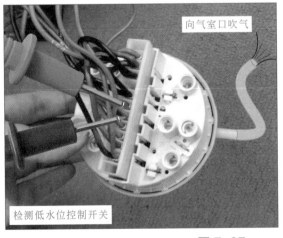

图 7-97

图 7-97　检测水位开关中的每组水位控制开关

　　检测时，若公共触点和常开触点连接良好，则所测阻值应为 0Ω；若检测时，所测阻值为无穷大，则需将水位开关拆卸后检查其内部是否损坏。

　　⑤ 多水位开关的连接端子主要采用连接插件的方式进行连接，拆卸时，使用一字螺丝刀将连接插件撬开，即可将其取下，如图 7-98 所示。

图 7-98　取下连接插件

⑥ 多水位开关的上盖与底壳采用卡扣的固定方式固定在一起，拆卸时，需使用一字螺丝刀拨开上盖与底壳之间的卡扣，如图7-99所示。

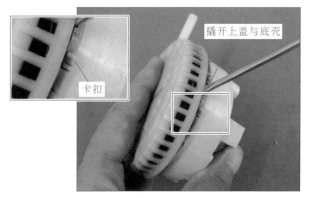

图7-99　分离多水位开关的上盖与底壳

⑦ 将多水位开关的上盖与底壳分离后，即可将橡胶膜与底壳分离，如图7-100所示，取下后，可以看到塑料盘安装在橡胶膜上。

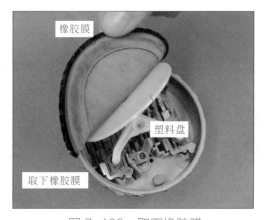

图7-100　取下橡胶膜

⑧ 取下橡胶膜后，可以发现多水位开关的三个水位控制开关主要通过控制架进行控制。如图7-101所示，将控制架取下后，多水位开关的拆卸便已经完成。

图7-101　取下控制架

⑨ 多水位开关拆卸后，主要检查其内部的橡胶膜是否有老化、破损的现象，如图 7-102 所示。如果出现老化、破损现象，则需要将其进行更换。

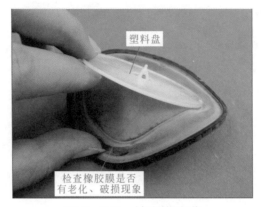

塑料盘

检查橡胶膜是否
有老化、破损现象

图 7-102　检查橡胶膜

⑩ 如果多水位开关在气压的作用下有动作但无导通状态，则需要检查多水位开关的各个控制开关的触点、小弹簧是否良好，如图 7-103 所示。

水位控制开关的触点

小弹簧

图 7-103　检查水位控制开关的触点和小弹簧

⑪ 检查后，水位控制开关的触点和小弹簧均良好，用手按下水位控制开关的公共触点，检查公共触点的弹簧片是否正常，如图 7-104 所示。

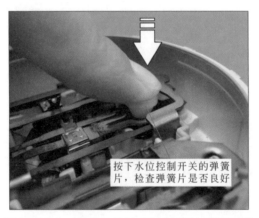

按下水位控制开关的弹簧
片，检查弹簧片是否良好

图 7-104　检查公共触点的弹簧片是否正常

⑫ 经过检查，如果发现多水位开关内部零部件有损坏的现象，则应对多水位开关进行更换。

⑬ 如果经过检修发现多水位开关没有损坏，则应检查与多水位开关配合工作的水压传递系统，即气室。

（3）气室的检查

多水位开关的工作需要与水压传递系统相配合进行，因此，除了对多水位开关进行检修外，还要对多水位开关的水压传递系统进行检修，查看其是否出现漏气等异常现象。

① 多水位开关通过连接管与气室进行连接，因此，需要检查气室与其两端的连接管是否连接良好，有无脱开或漏气现象，如图 7-105 所示。

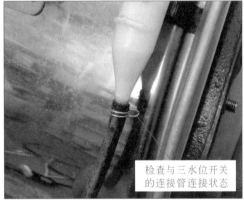

图 7-105　检查气室与连接管的连接状态

② 气室漏气也会导致多水位开关失灵，因此需要检查气室是否良好，如图 7-106 所示。

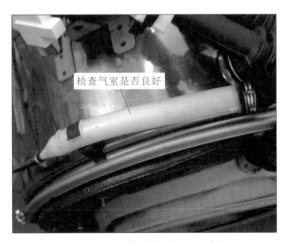

图 7-106　检查气室是否良好

7.7　排水装置的结构

7.7.1　排水阀的种类特点

排水阀按照牵引方式的不同，可以分为电磁铁牵引式排水阀和电动机牵引式排水阀。这

两种排水阀的不同之处是使用的动力不同，电磁铁牵引式排水阀使用的是电磁铁牵引器，而电动机牵引式排水阀使用的则是电动牵引器，如图 7-107 所示。

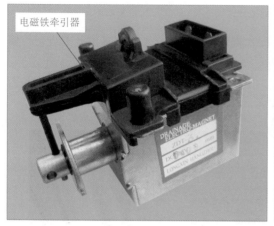

图 7-107　排水阀动力源

7.7.2　电磁铁牵引式排水阀

电磁铁牵引式排水阀是通过电磁铁牵引器使排水阀工作的，主要由电磁铁牵引器和排水阀组成，如图 7-108 所示。其中电磁铁牵引器和排水阀通过拉杆实现关联，并且排水阀与多个排水管连接。

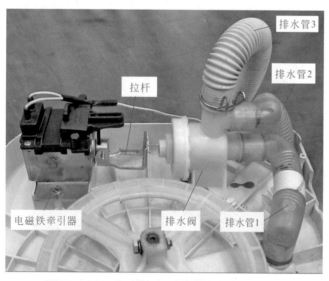

图 7-108　电磁铁牵引式排水阀基本结构

电磁铁牵引器与排水阀之间的拉杆，是通过销钉、开口销与电磁铁牵引器中的衔铁连接的，如图 7-109 所示。

电磁铁牵引式排水阀通过电磁铁牵引器牵引排水阀，使排水阀内部的管路导通，以便实现排水过程，图 7-110 所示为电磁铁牵引式排水阀的内部结构。

电磁铁牵引式排水阀在关闭状态时，电磁铁牵引器拉杆与导套相抵，内弹簧的弹力对于排水阀来说不起作用，但是可以将电磁铁牵引器拉杆紧紧抵在导套上。此时，洗衣机的排水阀处于关闭状态，洗衣桶内的水不会排出，如图 7-111（a）所示。

电磁铁牵引式排水系统的工作原理

图 7-109　拉杆与衔铁的连接

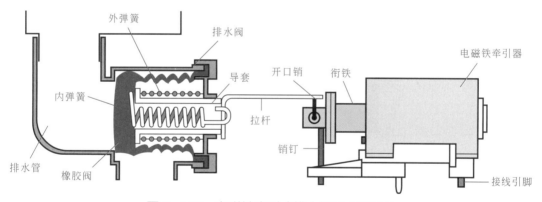

图 7-110　电磁铁牵引式排水阀的内部结构

电磁铁牵引式排水阀在开启状态时，衔铁被吸引，电磁铁牵引器拉杆拉动内弹簧。当内弹簧的拉力大于外弹簧的弹力和橡胶阀的弹力时，外弹簧被压缩，带动橡胶阀移动。当橡胶阀被移动时，排水通道就被打开了，洗衣桶内的水将被排出，如图 7-111（b）所示。

为排水阀提供动力的电磁铁牵引器，根据供电方式的不同，又可以分为交流电磁铁牵引器和直流电磁铁牵引器。这两种电磁铁牵引器的排水阀除了供电方式的不同，其工作原理是一样的。

图 7-112 为交流电磁铁牵引器内部结构，主要由线圈、铁芯、衔铁三部分组成。图 7-113 为直流电磁铁牵引器内部结构，只用直流电磁铁牵引器的时候，洗衣机电路中一定要有桥式整流电路，如图 7-114 所示。

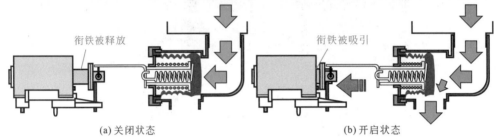

(a) 关闭状态   (b) 开启状态

图 7-111   电磁铁牵引式排水阀的工作原理

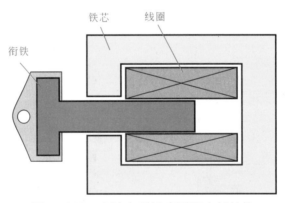

图 7-112   交流电磁铁牵引器内部结构

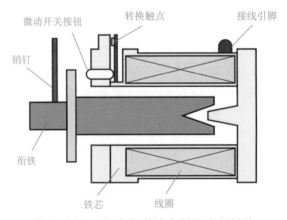

图 7-113   直流电磁铁牵引器内部结构

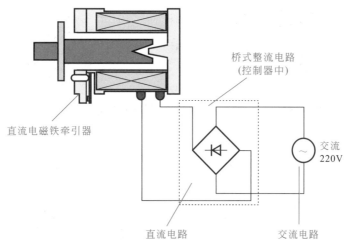

图 7-114　直流电磁铁牵引器电路

7.7.3　电动机牵引式排水阀

电动机牵引式排水阀是通过电动机旋转力矩来拖动排水阀使其工作的，主要由电动牵引器和排水阀组成，如图 7-115 所示。其中电动牵引器和排水阀通过牵引钢丝绳实现关联，并且排水阀与多个排水管连接。

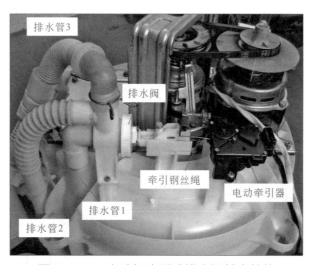

图 7-115　电动机牵引式排水阀基本结构

电动牵引器中包括电动机、变速齿轮箱、电磁铁、行程开关和锁定牵引钢丝绳的装置。图 7-116 所示为电动牵引器的牵引钢丝锁定装置。其他零件，如变速齿轮组、电磁铁、电动机和行程开关都被安装在一个整体中，如图 7-117 所示。变速齿轮组是由电动机带动旋转的，图 7-118 所示为位于电动牵引器下方的电动机。

在带有离合器的洗衣机中，排水阀与离合器刹车装置之间有关联，如图 7-119 所示。

电动机牵引式排水阀拖动牵引钢丝绳，带动排水阀，使排水阀内部的管路导通，实现排水过程。图 7-120 为电动机牵引式排水阀的内部结构。

图 7-116　牵引钢丝绳和锁定装置

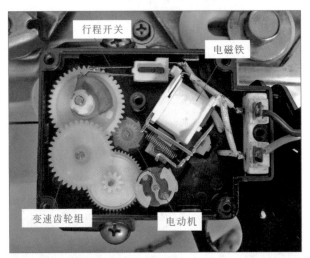

图 7-117　变速齿轮组、电磁铁、电动机和行程开关

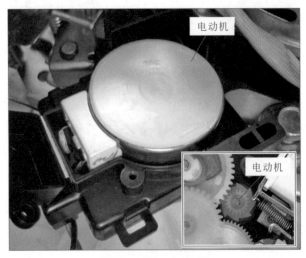

图 7-118　电动机

图 7-119 排水阀与离合器之间

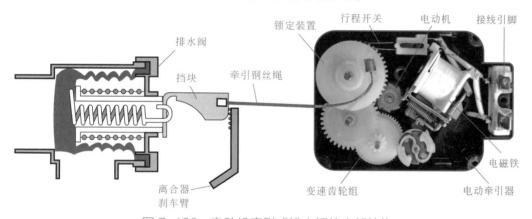

图 7-120 电动机牵引式排水阀的内部结构

　　电动机牵引式排水阀在关闭状态时，电动机、牵引钢丝绳与导套相抵，内弹簧的弹力对于排水阀来说不起作用，但是可以将排水阀紧紧抵在导套上。此时，洗衣机的排水阀处于关闭状态，洗衣桶内的水不会排出，如图 7-121 所示。

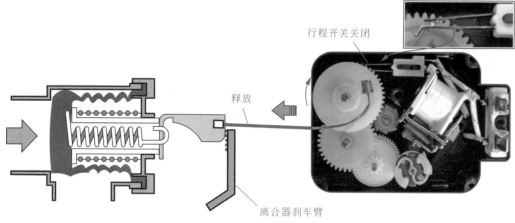

图 7-121 电动机牵引式排水阀关闭状态

电动机牵引式排水阀在开启状态时，电动机旋转，牵引钢丝绳被拉动，同时带动排水阀内部的内弹簧。当内弹簧的拉力大于外弹簧的弹力和橡胶阀的弹力时，外弹簧被压缩，带动橡胶阀移动。当橡胶阀被移动时，排水通道就被打开了，洗衣桶内的水将被排出，如图 7-122 所示。

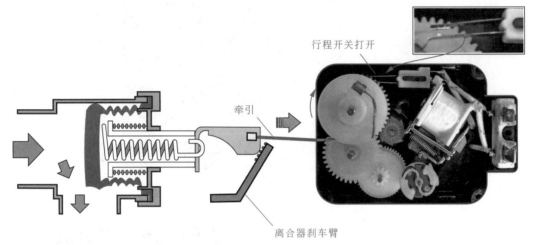

图 7-122　电动机牵引式排水阀开启状态

7.7.4　排水泵的种类特点

排水泵主要用于滚筒式洗衣机的排水系统，它主要由电动机和叶轮等组成，并且根据所采用的电动机不同，排水泵主要分为单相罩极式排水泵和永磁式排水泵两种，如图 7-123 所示。

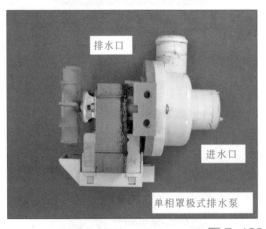

图 7-123　排水泵

7.7.5　单相罩极式排水泵

单相罩极式排水泵主要采用单相罩极式电动机带动排水泵工作，图 7-124 所示为单相罩极式排水泵的外部结构。从图中可以看出，单相罩极式排水泵主要由风扇、定子铁芯、叶轮室盖、绕组线圈和接线端等相互作用实现排水泵的排水功能，通过进水口和出水口对滚筒式洗衣机中外桶的水进行排放。

图 7-125 为单相罩极式排水泵的内部结构。从图中可以看出，排水泵主要由叶轮室盖、护盖、

安装架、转子、风扇、定子铁芯、绕组线圈、叶轮、橡胶垫片、塑料垫片和小垫片组成。

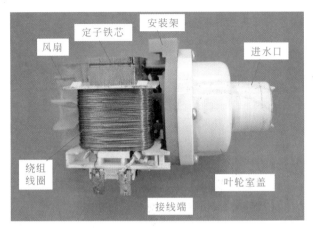

图 7-124　单相罩极式排水泵的外部结构

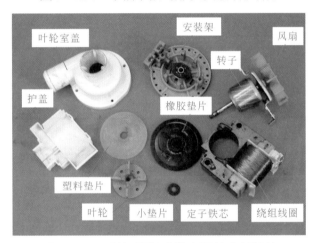

图 7-125　单相罩极式排水泵的内部结构

在排水泵的基本结构组成中，定子铁芯、绕组线圈和转子组成罩极式电动机。如图 7-126 所示。

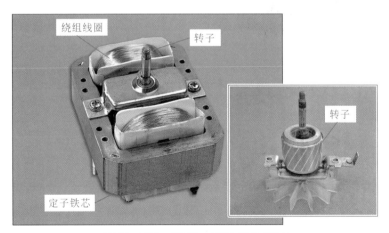

图 7-126　罩极式电动机的结构

图 7-127 所示为单相罩极式排水泵的工作原理，当洗衣机为排水泵提供其工作电压时，排水泵的电动机开始工作，带动风扇和叶轮转动，叶轮转动后在叶轮室中形成气流，通过进水口将外桶中的水吸入排水泵的气室中，在叶轮转动的过程中，水流随着叶轮转动的方向从出水口流出。

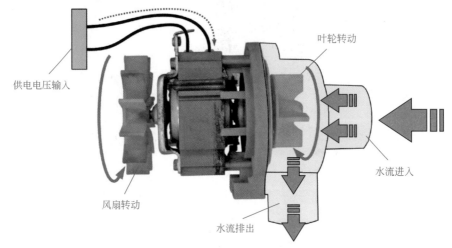

图 7-127 单相罩极式排水泵的工作原理

7.7.6 永磁式排水泵

永磁式排水泵主要采用永磁式电动机带动排水泵工作，图 7-128 所示为永磁式电动机的实物外形及其内部结构。

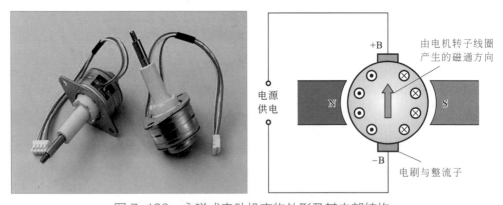

图 7-128 永磁式电动机实物外形及其内部结构

7.8 排水装置的检修

7.8.1 电磁铁牵引式排水阀的检修

① 检修电磁铁牵引式排水阀时，首先查看外观是否有损坏，如连接衔铁和电磁铁牵引器的开口销是否有脱落或断裂现象，检查电磁铁牵引器是否有松动现象，检查销钉是否脱落或

断裂，以及排水阀是否损坏等，如图 7-129 所示。

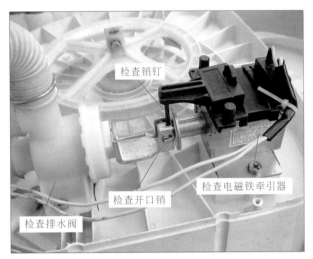

图 7-129　检查外观

②将程序控制器设置在"排水"状态，查看排水阀的开关是否起作用，处于开启状态；然后设置在非排水状态，如"漂洗"状态，查看排水阀是否处于关闭状态，如图 7-130 所示。

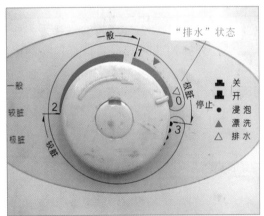

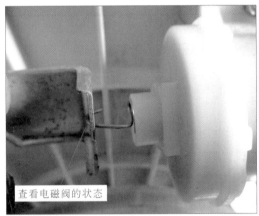

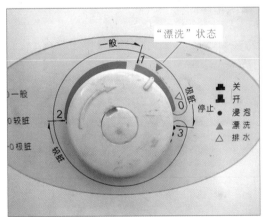

图 7-130　调整排水阀的开启 / 关闭状态

③ 通过调整不同的工作状态，查看排水阀的开启 / 关闭状态，判断排水阀及电磁铁牵引器是否损坏。

④ 电磁铁牵引器带动排水阀内部的橡胶阀工作，由于排水阀多数采用半透明的塑料制成，因此可以通过在外部查看排水阀中的橡胶阀在不同的状态时的位置，如图 7-131 所示。正常情况下，"排水"状态时，从排水阀外观看，可以看到外桶软管接口处会变得较透明；如果橡胶阀没有移动，则从排水阀外观看没有任何改变。

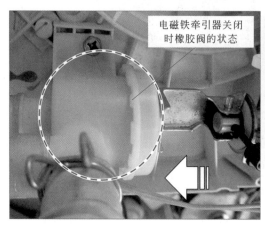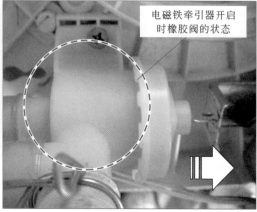

图 7-131　检查橡胶阀在排水阀中的开启 / 关闭状态

⑤ 若通过查看外观，感觉橡胶阀没有改变位置，则需要检查排水阀的内弹簧、外弹簧和橡胶阀是否出现故障。若橡胶阀出现老化、内 / 外弹簧断裂等现象，直接将其更换即可。

⑥ 经检查，排水阀正常，则表明电磁铁牵引器部分出现故障，首先应检测电磁铁牵引器供电电压。由于电磁铁牵引器的导线端子上有一个护盖，因此需要先将护盖取下来。

⑦ 使用偏口钳剪断固定电磁铁牵引器导线的线束，如图 7-132 所示。

图 7-132　取下线束

⑧ 使用一字螺丝刀将电磁铁牵引器的导线护盖撬开，如图 7-133 所示。

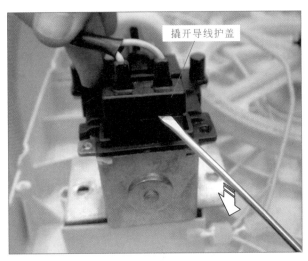

图 7-133　撬开导线护盖

⑨ 将电磁铁牵引器导线的固定皮套向上移，如图 7-134 所示，以便取下电磁铁牵引器的导线护壳。

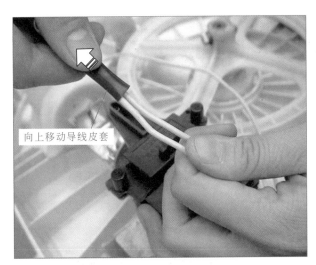

图 7-134　移动导线皮套

⑩ 将导线皮套向上移动后，再将导线的护盖从电磁铁牵引器的磁轭盖板中取下，如图 7-135 所示，露出导线端子。

⑪ 使用万用表直流电压挡，检测直流电磁铁牵引器供电电压是否在 DC 180 ～ 220V 之间（以直流电磁铁牵引器为例），如图 7-136 所示。

⑫ 若可以检测到电磁铁牵引器的电压值在 DC 180 ～ 220V 之间，则表明该电磁铁牵引器的供电电压正常，需要再检查电磁铁牵引器的其他部位，检测时，应对电磁铁牵引器进行拆卸。

⑬ 选择合适的十字螺丝刀取下电磁铁牵引器四周的螺钉，如图 7-137 所示。

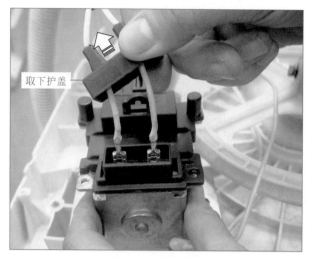

图 7-135　取下导线护盖

取下护盖

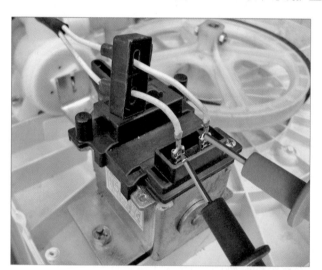

图 7-136　电磁铁牵引器供电电压的检测

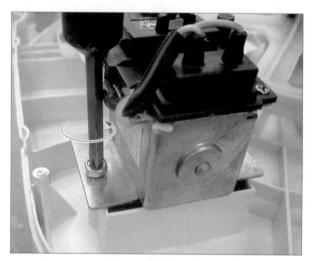

图 7-137　取下电磁铁牵引器四周的螺钉

⑭ 取下固定螺钉后，再选择合适的螺丝刀将电磁铁牵引器磁轭盖板的固定螺钉取下，如图 7-138 所示。

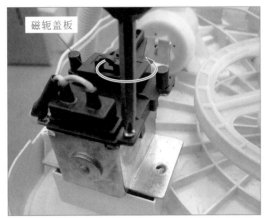

图 7-138　取下磁轭盖板的螺钉

⑮ 接下来就可以将电磁铁牵引器的导线从导线端子上拔下了，如图 7-139 所示。

图 7-139　拔出导线

⑯ 拔出导线后，便可以直接将电磁铁牵引器的磁轭盖板取下了，如图 7-140 所示。至此，电磁铁牵引器便已经拆卸完成，可以对其进行检查了。

⑰ 如果电磁铁牵引器的供电电压正常，将电磁铁牵引器拆开后，找到控制电磁铁牵引器的微动开关压钮和转换触点，使用工具按下微动开关压钮后，转换触点分离，如图 7-141 所示。若微动开关损坏则导致无法使转换触点分离，继而会导致洗衣机无法排水。

⑱ 未按动微动开关压钮时，转换触点处于接通状态，洗衣机处于洗涤或是刚开始排水状态，电磁铁牵引器开始吸入衔铁；按下微动开关压钮时，转换触点处于分离状态，相当于洗衣机处于排水状态，也就是衔铁完全被电磁铁牵引器吸入，排水阀被拉动，开始排水。

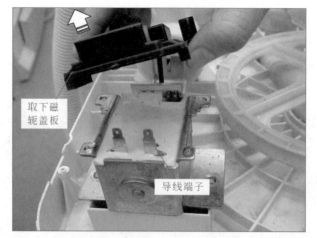

取下磁
轭盖板

导线端子

电磁铁牵引
器的检测

图 7-140　取下电磁铁牵引器磁轭盖板

转换触点

微动开关压钮

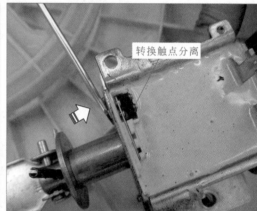

转换触点分离

图 7-141　检测微动开关压钮

⑲ 在未按下微动开关压钮时，检测电磁铁牵引器的阻值约为 114Ω，如图 7-142 所示；按下微动开关压钮时，检测电磁铁牵引器的阻值约为 3.2kΩ，如图 7-143 所示。

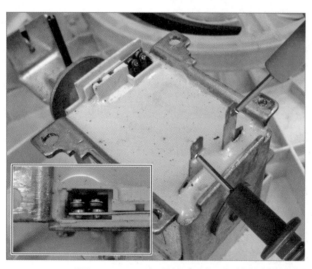

图 7-142　电磁铁牵引器阻值的检测（未按微动开关压钮）

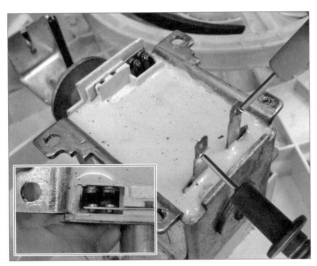

图7-143　电磁铁牵引器阻值的检测（按动微动开关压钮）

⑳ 检测时，所测得的两个阻值如果过大或者过小，都说明电磁铁牵引器线圈出现短路或者开路故障。并且在没有按下微动开关压钮检测时，如果所测得的阻值超过200Ω，就可以判断为转换触点接触不良造成，电磁铁牵引器故障。此时，就可以将电磁铁牵引器拆卸下来，查看转换触点是否被烧蚀导致其接触不良，可以通过清洁电磁铁牵引器的转换触点以排除故障。

7.8.2　电动机牵引式排水阀的检修

① 检修电动机牵引式排水阀时，应先查看外观是否有损坏，如牵引钢丝绳是否有脱落或断裂现象，电动牵引器是否有烧焦或变形现象，排水阀是否有损坏等现象，如图7-144所示。

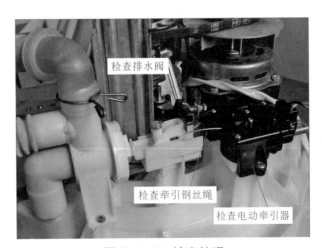

图7-144　检查外观

② 经观察发现牵引钢丝绳老化，需要对其进行更换，首先将锁定牵引钢丝绳装置的护盖螺钉取下，如图7-145所示。

图 7-145 取下锁定牵引钢丝绳装置的护盖螺钉

③取下护盖螺钉后，就可以将该护盖取下，如图 7-146 所示，即可露出锁定装置。

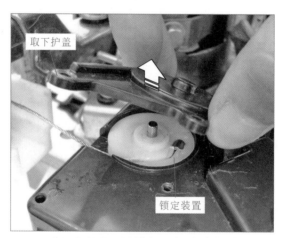

图 7-146 取下护盖

④将锁定装置拿出，更换新的牵引钢丝绳即可，如图 7-147 所示。

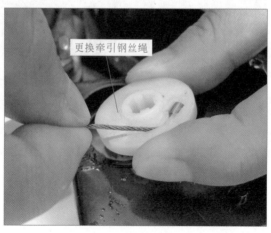

图 7-147 更换新的牵引钢丝绳

⑤ 全自动洗衣机的排水阀和离合器刹车臂之间有关联，在检查电动机牵引式排水阀时，应对离合器刹车臂和挡块进行查看，如图 7-148 所示。

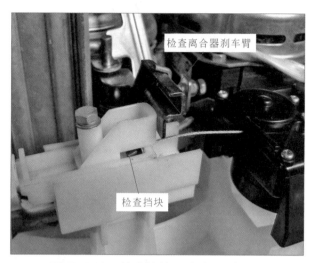

图 7-148　检查挡块和离合器刹车臂

⑥ 电动机牵引式排水阀和电磁铁牵引式排水阀的排水管所使用的排水阀是相同的，因此对电动机牵引式排水阀中的橡胶阀等器件的观察方法和电磁铁牵引式排水阀的一样。

⑦ 若经过观察没有发现排水阀故障，则表明电动牵引器部分出现故障。

⑧ 找到电动牵引器的导线，使用万用表交流电压挡，检测电动牵引器供电电压是否在 AC 180 ～ 220V 之间（以交流电动牵引器为例），如图 7-149 所示。

图 7-149　电动牵引器供电电压的检测

⑨ 若可以检测到电动牵引器的电压值在 AC 180 ～ 220V 之间，则表明该电动牵引器的供电电压正常。应对电动牵引器的其他部位进行检查，检查时，需要将电动牵引器进行拆卸。

⑩ 选择合适的十字螺丝刀取下电动牵引器外壳四周的螺钉，如图 7-150 所示。

⑪ 取下固定螺钉后，再选择合适的螺丝刀将电动牵引器外壳撬开并取下，如图 7-151 所示。

电动牵引器外壳

图 7-150　取下电动牵引器外壳四周的螺钉

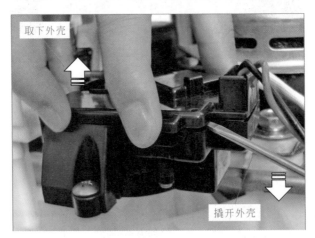

取下外壳

撬开外壳

图 7-151　撬开并取下电动牵引器外壳

⑫ 取下电动牵引器外壳后，就可以观察到变速齿轮组是否有啮合不良的情况，如图 7-152 所示。

观察变速齿轮组的啮合情况

图 7-152　观察变速齿轮组啮合情况

⑬ 将变速齿轮组中的齿轮逐个取出来，观察是否有碎裂的情况，如图 7-153 所示。

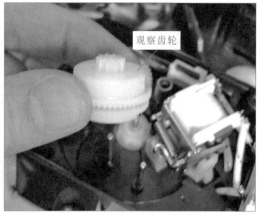

图 7-153　观察齿轮

⑭ 观察电磁铁，发现弹簧脱离，如弹簧损坏不严重，只需要将其重新安装回电磁铁即可，如图 7-154 所示。

图 7-154　修正电磁铁弹簧

⑮ 观察电磁铁的连接数据线是否有脱焊的情况，如图 7-155 所示。

图 7-155　观察电磁铁数据线的焊接情况

⑯ 取下电动牵引器的固定螺钉，将其翻转，如图 7-156 所示。此时即可找到电动机护盖。

图 7-156　取下电动牵引器的固定螺钉

⑰ 将固定电动机护盖的螺钉取下，如图 7-157 所示。

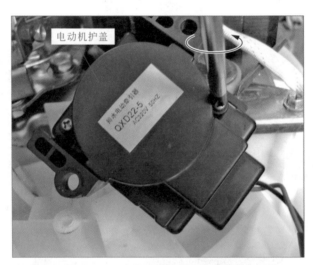

图 7-157　取下电动机护盖螺钉

⑱ 取下螺钉后，即可将电动牵引器护盖取下来，并观察电动机的连接数据线，是否有脱焊情况发生，如图 7-158 所示。

⑲ 在确定焊接状态良好的情况下，使行程开关处于关闭状态，检测电动牵引器阻值，为 3.0kΩ 左右，如图 7-159 所示。

⑳ 将行程开关处于打开状态，检测电动牵引器阻值，为 8.0kΩ 左右，如图 7-160 所示。

㉑ 若检测阻值过大或者过小，都说明该电动牵引器中的电磁铁或电动机故障，需要更换，或是对电动牵引器整体进行更换。

图 7-158　观察电动机数据线的焊接情况

图 7-159　电动牵引器阻值的检测（行程开关关闭）

图 7-160　电动牵引器阻值的检测（行程开关打开）

7.8.3　单相罩极式排水泵的检修

排水泵若损坏将导致洗衣机不停排水、不排水等排水异常的情况发生，在检修过程中仔细查看洗衣机的故障现象，查找出引起洗衣机排水异常的故障点。

（1）排水泵的拆卸

在对排水泵检修的过程中，需要将其拆卸，检修其内部才可排除排水泵所引起的故障，下面就对排水泵的拆卸进行讲解。

① 排水泵主要通过密封夹与外桶、气室等部分连接。拆卸时，使用尖嘴钳将排水泵的密封夹取下后，即可将排水泵取下，如图 7-161 所示。

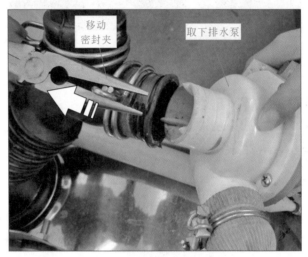

图 7-161　取下排水泵

② 将排水泵取下后，再将其连接线拔下，如图 7-162 所示。

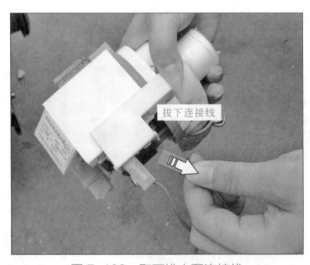

图 7-162　取下排水泵连接线

③ 取下排水泵后，可以看出排水泵的主要组成部分以及与其连接的排水管，如图 7-163 所示。

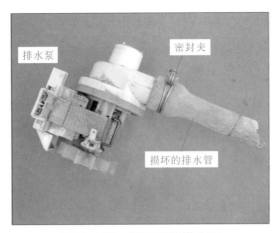

图 7-163　取下后的排水泵

④ 使用一字螺丝刀将排水泵与排水管密封夹的紧固螺钉拧松，如图 7-164 所示。

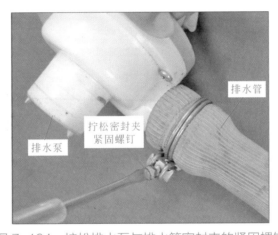

图 7-164　拧松排水泵与排水管密封夹的紧固螺钉

⑤ 拧松排水泵与排水管的紧固螺钉后，将排水泵与排水管之间的密封夹向排水管的方向移动，即可将排水管取下，如图 7-165 所示。

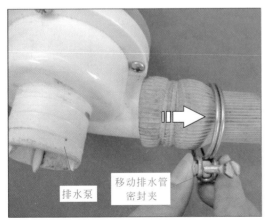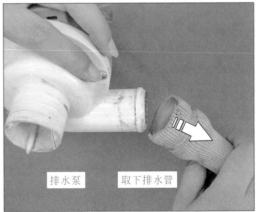

图 7-165　取下排水管

189

⑥ 取下排水管后，使用一字螺丝刀将排水泵电动机护盖的卡扣撬开，如图 7-166 所示。

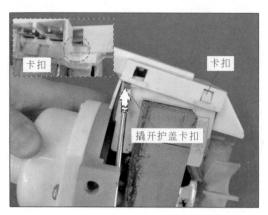

卡扣

卡扣

撬开护盖卡扣

图 7-166　撬开排水泵电动机护盖卡扣

⑦ 将护盖两侧的卡扣撬开后，即可将护盖取下，与此同时，便可以看到排水泵电动机的绕组线圈，如图 7-167 所示。

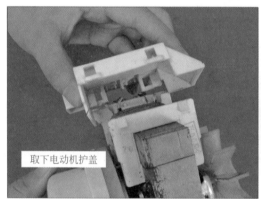

取下电动机护盖

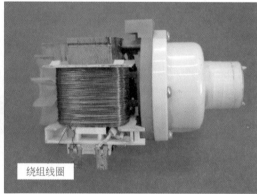

绕组线圈

图 7-167　取下排水泵电动机护盖

⑧ 将排水泵翻转后，使用十字螺丝刀拧下排水泵叶轮室护盖的固定螺钉，如图 7-168 所示。此时，即可看到排水泵的结构，如图 7-169 所示。

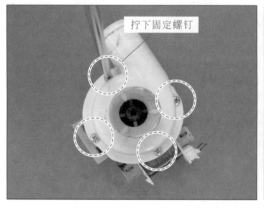

拧下固定螺钉

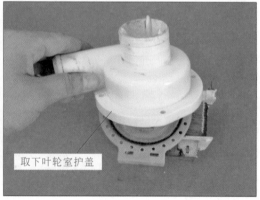

取下叶轮室护盖

图 7-168　取下排水泵叶轮室护盖

图 7-169　排水泵结构

⑨ 取下排水泵叶轮室的护盖后，向外拉动叶轮，即可将叶轮取下，如图 7-170 所示。

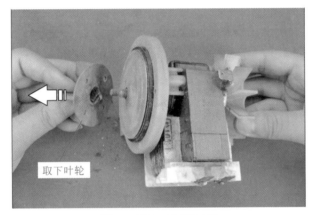

图 7-170　取下叶轮

⑩ 叶轮被取下后，便可分别将叶轮下部的塑料垫片和橡胶垫片取下，如图 7-171 所示。

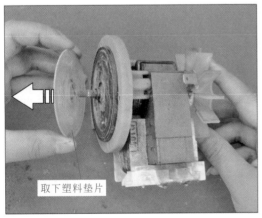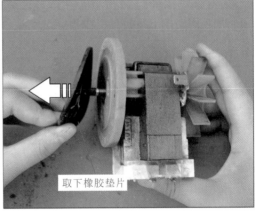

图 7-171　取下塑料垫片和橡胶垫片

⑪ 至此，叶轮室便已拆卸完成，如图 7-172 所示为叶轮室的组成部分。

图 7-172　叶轮室的组成部分

⑫ 在安装架与排水泵电动机的转轴连接处，使用小垫片对安装架与转轴之间进行稳固，拆卸小垫片时，需借助镊子将其取出，如图 7-173 所示。

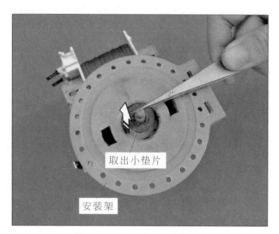

图 7-173　取下小垫片

⑬ 安装架与定子铁芯采用两个螺钉进行固定，拆卸时，使用活扳手将固定螺钉拧松后，即可将固定螺钉取下，如图 7-174 所示。

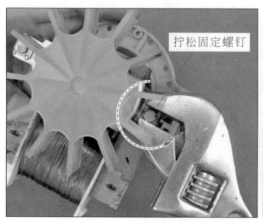
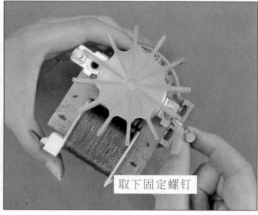

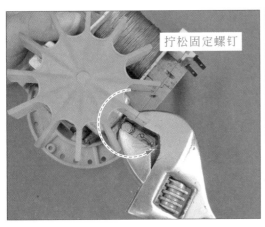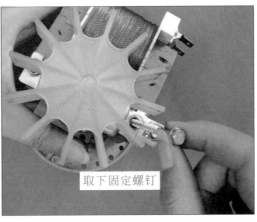

图 7-174　取下安装架固定螺钉

⑭ 将安装架的固定螺钉取下后，即可将安装架与排水泵电动机的转子取下，如图 7-175 所示。

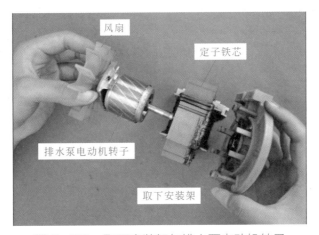

图 7-175　取下安装架与排水泵电动机转子

⑮ 至此，排水泵便已经拆卸完成，如图 7-176 所示。

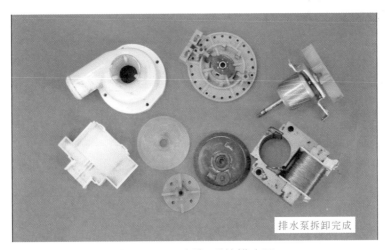

图 7-176　拆卸后的排水泵

（2）初步判断排水泵故障

① 滚筒式洗衣机通电后，将洗衣机程序设置为排水状态，仔细听排水泵是否有"嗡嗡"的声音。由于洗衣机在工作时，也会发出一些声音，因此，在检查排水泵时，要仔细地判断。

② 若排水泵有"嗡嗡"的工作声，检查排水泵风扇是否被异物缠绕。若有异物缠绕在排水泵风扇上，将异物取下即可。

③ 若排水泵没有"嗡嗡"的工作声，则需要对排水泵进行通电检测，以判断是否为排水泵损坏所引起的故障。

④ 当滚筒式洗衣机出现排水漏水的情况时，分别检查排水泵所连接的水管，如排水管、外桶连接水管、气室连接水管等是否连接正常，如图 7-177 所示。

图 7-177　检查排水泵连接水管是否正常

（3）通电判断排水泵故障

① 将洗衣机设置为排水工作状态，如图 7-178 所示，使用万用表检测排水泵的接线端，若无法检测出交流 200 V 电压，表明故障出现在程序控制器部位；若检测时，可以测出 220 V 的工作电压，表明排水泵出现故障，需对其进行进一步的检修。

② 当滚筒式洗衣机出现排水速度慢的故障时，除了检测排水泵工作电压外，还需对电源电压进行检测，如图 7-179 所示，若电源电压过低，则排水泵不能正常工作。

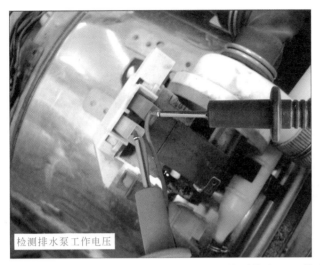

图 7-178　检测排水泵工作电压

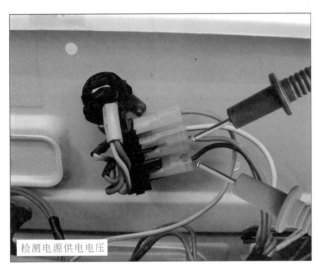

图 7-179　检测电源供电电压

（4）排水泵的检修方法

① 检查排水泵的外观，查看排水泵电动机的塑料密封外壳是否变形，如图 7-180 所示。若排水泵电动机的塑料密封外壳变形，则表明排水泵电动机的绕组已经烧坏，需要对电动机进行更换。

② 若排水泵电动机的塑料密封外壳良好，则检测排水泵电动机两连接端之间的阻值，如图 7-181 所示。若检测时，测得阻值为 22Ω 左右，表明电动机正常；若检测时，测得阻值为无穷大，说明该电动机已经断路。

③ 拆开排水泵的护盖后，检查排水泵两接线端与绕组线圈连接是否良好，如图 7-182 所示，若连接处有断裂现象，则使用电烙铁将其重新焊接即可。

④ 检测后，电动机的阻值正常。用手拨动风扇有些费力或拨不动，则是排水泵受潮生锈，造成排水泵电动机转子不能转动，致使排水泵不能排水。将排水泵拆卸后，消除锈斑并涂抹润滑油即可排除此故障，如图 7-183 所示。

排水泵的
检测

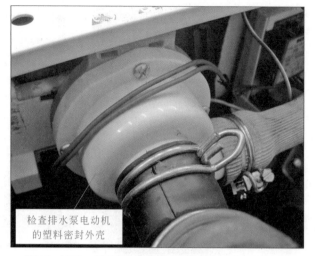

检查排水泵电动机
的塑料密封外壳

图 7-180　检查排水泵电动机的塑料密封外壳

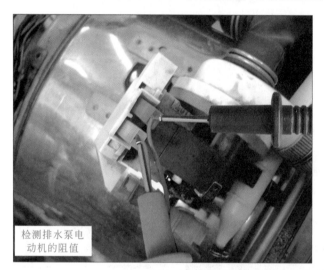

检测排水泵电
动机的阻值

图 7-181　检测排水泵电动机的阻值

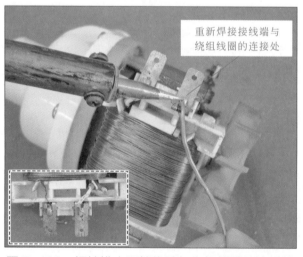

重新焊接接线端与
绕组线圈的连接处

图 7-182　焊接排水泵接线端与绕组线圈的连接处

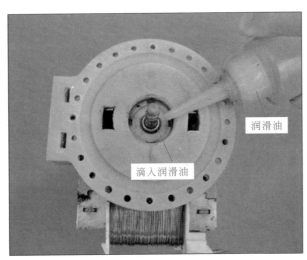

图 7-183　涂抹润滑油

第 **8** 章

洗衣机减振支撑系统的检修

8.1 洗衣机减振支撑系统的结构

8.1.1 波轮式洗衣机减振支撑系统的结构

波轮式洗衣机的减振支撑系统主要由箱体、盛水桶和减振支撑装置等组成，图8-1和图8-2所示为典型的波轮式洗衣机减振支撑系统的基本结构。

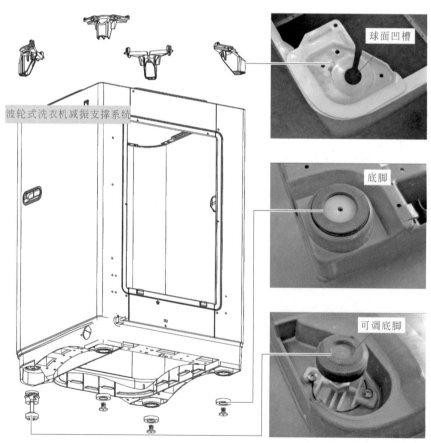

图 8-1 典型波轮式洗衣机减振支撑系统的基本结构（一）

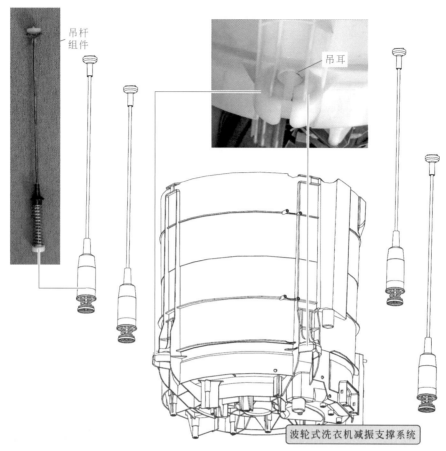

吊杆
组件

吊耳

波轮式洗衣机减振支撑系统

图 8-2　典型波轮式洗衣机减振支撑系统的基本结构（二）

 提示

波轮式洗衣机在工作过程中，洗衣桶不停地转动，当波轮旋转，带动衣物时会产生离心力，洗衣桶前后左右移动。此时，可以通过减振支撑装置（吊杆组件）保持洗衣桶工作过程中的平衡。

（1）箱体

波轮式洗衣机的箱体就是洗衣机的外壳，除对洗衣机起到支撑、装饰作用外，还有两个作用：一是保护洗衣机内部零部件；二是支撑和紧固零部件。

洗衣机箱体的材质有很多种，其中一种是采用 0.5 ～ 0.8mm 的钢板或镀锌钢板，经过喷塑或喷漆工艺加工制成；另一种是用塑料注塑成型，其最大的优点是不会生锈；再一种就是将箱体分成上下两部分，由钢板和塑料混合制成，并通过固定螺钉固定。

典型波轮式洗衣机的箱体主要由围框、箱体和底板三个部分构成，如图 8-3 所示，其中围框上带有上盖，底板上带有排水孔。

波轮式洗衣机的箱体通常是立方体外壳，上侧四角有用于悬挂减振支撑装置（吊杆组件）的球面凹槽，如图 8-4 所示。

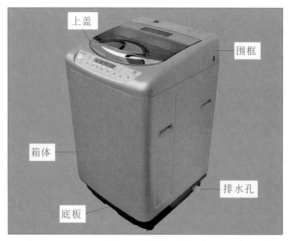

图 8-3　典型波轮式洗衣机箱体的整体结构

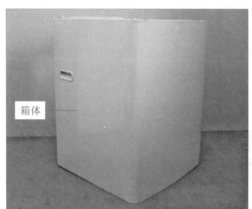

图 8-4　波轮式洗衣机的箱体结构

（2）减振支撑装置

波轮式洗衣机的减振支撑装置用于吊装洗衣桶，使其固定在箱体中，在洗衣机下方固定有电动机、离合器以及排水系统。

波轮式洗衣机的洗衣桶进行洗涤衣物或脱水操作的时候是高速旋转的，并产生离心力，而洗衣桶内的衣物在离心力的作用下，分布不可能完全均匀，重心是变动偏移的。因此，洗衣桶转动时会产生强烈的振动。为了减少洗衣桶的振动和偏摆，波轮式洗衣机在洗衣桶上设置了吊耳，如图 8-5 所示。并通过吊杆组件与箱体四角的球面凹槽进行关联，从而减少振动，并减少噪声的产生，如图 8-6 所示，应用于波轮式洗衣机中四角的吊杆组件就是减振支撑装置。

波轮式洗衣机中的减振支撑装置，即吊杆组件，是由挂头、吊杆、减振毛毡和阻尼装置组成的，如图 8-7 所示。其中阻尼装置由阻尼筒、减振弹簧和阻尼碗构成，而减振弹簧是吊杆组件的核心部件，用于减振和吸振。

（3）底板

波轮式洗衣机箱体的底板采用塑料制成，该设计既减少了金属材料的成本，又方便了箱体的组装，并且起到了很好地防锈作用。如图 8-8 所示，底板上包括四个底脚和一个排水管出口，其中三个底脚是固定的，一个底脚是可调的。

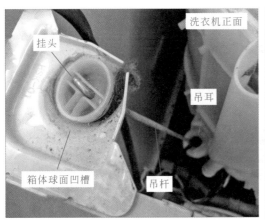
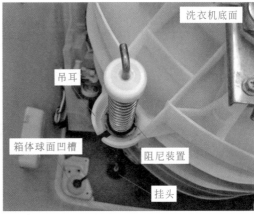

图 8-5　波轮式洗衣机的减振支撑装置

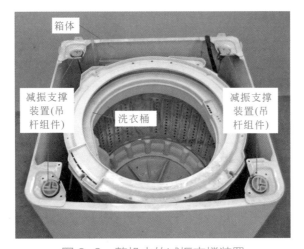

图 8-6　整机中的减振支撑装置

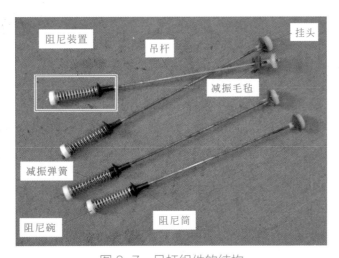

图 8-7　吊杆组件的结构

　　可调底脚的作用是当洗衣机处于有斜坡的地面时，为了使其能够正常工作，此时就可以调节可调底脚的高度，使洗衣机处于平稳状态。

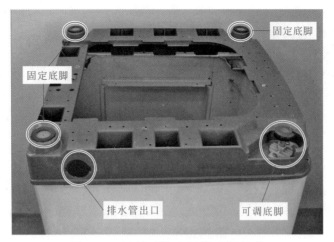

图 8-8　波轮式洗衣机的底板结构

8.1.2　滚筒式洗衣机减振支撑系统的结构

　　滚筒式洗衣机的减振支撑系统主要由箱体、平衡装置和减振支撑装置等组成，其中平衡装置包括上平衡块、前平衡块和后平衡块等，减振支撑装置主要由吊装弹簧和减振器等组成。图 8-9 所示为典型滚筒式洗衣机减振支撑系统的基本结构。

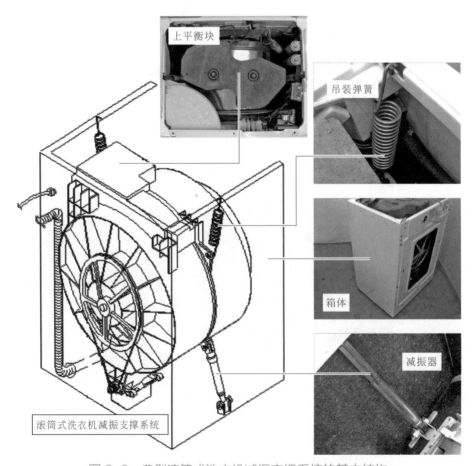

图 8-9　典型滚筒式洗衣机减振支撑系统的基本结构

提示

　　滚筒式洗衣机在工作过程中，滚筒不停地旋转，当衣物偏心过重时，如衣物从上端转动到下端的过程中，通过上平衡块保证滚筒的转动平衡，这时滚筒由于重力过大会下移，在滚筒下移过程中会拉动吊装弹簧，通过安装在底部与滚筒固定的减振器来减少滚筒的振动，从而完成正常的洗涤过程，也增加了滚筒式洗衣机的使用寿命。

（1）箱体

　　滚筒式洗衣机的箱体由薄钢板制成，钢板表面经加工处理，具有较高的耐腐蚀性，箱体之间通过焊接和铆接连接在一起，如图 8-10 所示。滚筒式洗衣机的大多数部件都与箱体进行固定。

图 8-10　滚筒式洗衣机的箱体

　　还有一种典型的滚筒式洗衣机箱体，即滚筒式洗衣机的后板与侧板是一体的，作为滚筒式洗衣机的主箱体，如图 8-11 所示。在其上端也设有连接板和与滚筒式洗衣机内部元件固定的固定孔。

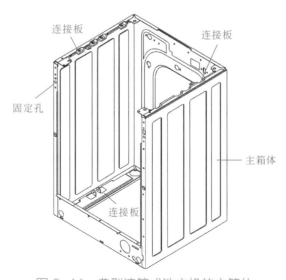

图 8-11　典型滚筒式洗衣机的主箱体

这种滚筒式洗衣机的前板是独立的，在前板上设门固定孔和电动门锁口，前板是通过固定螺钉与主箱体进行固定的，如图 8-12 所示。

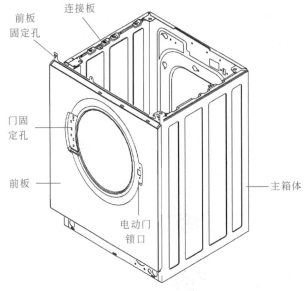

图 8-12　前板与主箱体的固定

这种滚筒式洗衣机的上盖板也是通过后侧的两个固定螺钉与主箱体进行固定的，如图 8-13 所示。

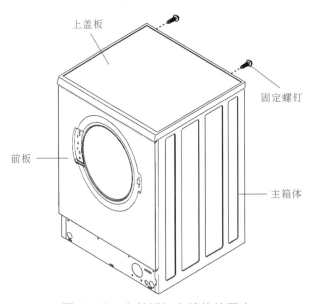

图 8-13　上盖板与主箱体的固定

（2）平衡装置

滚筒式洗衣机的上平衡块安装于洗衣机外桶的上端，通常由水泥制成，因此重力过大，与外桶通过 2 对固定螺栓和螺母进行固定，如图 8-14 所示。

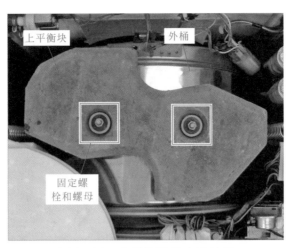

图 8-14　上平衡块的安装位置

　　滚筒式洗衣机除了采用上平衡块对洗涤脱水桶进行固定外，还需采用前平衡块和后平衡块来增加外桶的重量，平衡洗涤脱水桶的重心，如图 8-15 所示，前平衡块呈两个半圆形，安装于滚筒式洗衣机外桶前端的两侧，分别由 2 对固定螺栓和螺母进行固定。

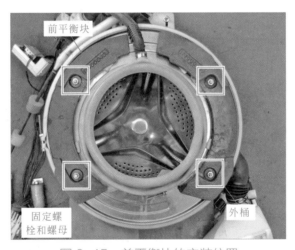

图 8-15　前平衡块的安装位置

　　滚筒式洗衣机后平衡块安装于洗衣机外桶的后端，呈"Y"字形，分别由 3 对固定螺栓和螺母进行固定，如图 8-16 所示。

（3）减振支撑装置

　　滚筒式洗衣机的吊装弹簧位于洗衣机外桶的两侧，与洗衣机外桶和箱体相连，承担着滚筒一定的重量，同时起着平衡滚筒和减少滚筒振动的作用。图 8-17 所示为滚筒式洗衣机吊装弹簧的安装位置。

　　图 8-18 所示为减振器的安装位置，滚筒式洗衣机的减振器安装在箱体的底部，减振器的一端与箱体固定，另一端与外桶固定，将滚筒在高速旋转过程中产生的振动减小，从而增强滚筒式洗衣机的使用寿命。

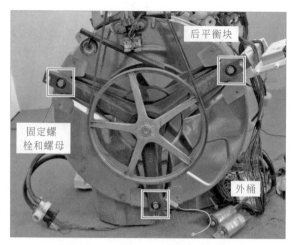

图 8-16　后平衡块的安装位置

图 8-17　吊装弹簧的安装位置

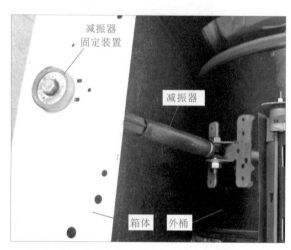

图 8-18　滚筒式洗衣机减振器的安装位置

8.2　波轮式洗衣机减振支撑系统的检修

8.2.1　波轮式洗衣机围框的检修

①·波轮式洗衣机的围框无论是采用钢板或镀锌钢板制成还是塑料注塑成型都比较结实，不易产生故障问题，但围框的上盖需要与安全开关相关联。因此如果洗衣机上盖的开关失去了对安全开关的控制，就应重点对上盖进行检查。

② 如图 8-19 所示，上盖的后面有一个突出的杠杆，是专门与安全开关进行关联的。因此在对上盖进行开关的时候，不要使用蛮力，以免使其受到损伤，影响与安全开关的关联。

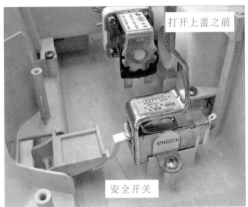
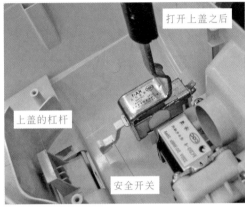

图 8-19　上盖的杠杆

8.2.2　波轮式洗衣机底板的检修

① 底板上的可调底脚的调节范围是有限制的，如图 8-20 所示。可调底脚是通过螺栓旋转实现调节的，并且与排水的接触性比较大，因此容易出现锈蚀现象，导致可调底脚不能调节。

图 8-20　可调底脚的调节范围

② 当需要再次调节可调底脚，却出现不能调节时，应使用润滑油将锈蚀浸泡，使其松动、可调，如图 8-21 所示。

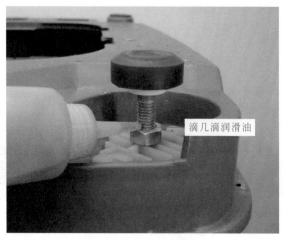

滴几滴润滑油

图 8-21　去除锈蚀

③ 排水管与底板之间是通过螺钉固定的，以确保排水畅通，不会流入整机内部。当排水口与排水管出现脱离现象时，应将其重新固定，如图 8-22 所示。

排水口与排水管脱离

使用螺钉固定排水管

重新固定排水口与排水管

图 8-22　排水管与排水口脱离

8.2.3　波轮式洗衣机减振支撑装置的检修

波轮式洗衣机的减振支撑装置主要就是吊杆组件，出现的故障主要表现为：洗衣机工作噪声大或洗衣桶转动不平衡报警。

洗衣机在工作过程中，常常会因为衣物在洗衣桶内的放置不合理，或是洗衣机自身放置不合理，而引起洗衣桶转动失衡和产生噪声。因此在排除以上引起洗衣机产生噪声或工作失衡的因素后，就是由洗衣机减振支撑装置引起的故障。此时，就需要将洗衣机围框拆卸下来，对吊杆组件进行检修。

① 波轮式洗衣机箱体的四个角带有球面凹槽，用于吊杆组件挂头的悬挂，如洗衣桶支撑出现故障，则应检查吊杆组件与箱体之间的悬挂是否正常，如图 8-23 所示。

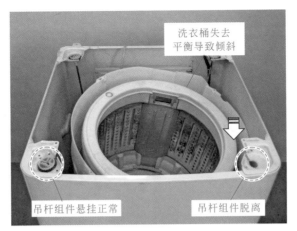

图 8-23　检查吊杆组件与箱体的悬挂状态

② 经检查发现四个吊杆组件中的一个脱离了箱体球面凹槽，由此可以说明洗衣桶工作失衡，发出噪声，是由吊杆脱离所致。检查脱离箱体的吊杆组件，发现没有明显的损伤，说明该吊杆组件是偶然脱离了箱体，只需要将其重新安装即可，如图 8-24 所示。

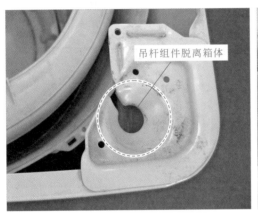

图 8-24　重新安装脱落箱体的吊杆组件

③ 经检查，如发现吊杆组件的挂头损坏，则说明该吊杆组件是故障性脱离了箱体。挂头通常采用塑料制成，长时间承重洗衣桶悬挂在箱体上，会使挂头的凹槽产生裂纹或严重损坏，将直接导致洗衣桶旋转过程中不平衡，影响波轮式洗衣机的正常工作。

④ 吊杆组件的阻尼装置是与洗衣桶进行关联的，经过检查，如果挂头仍然没有脱离箱体，但是晃动吊杆组件，却感觉不到与洗衣桶之间的支撑状态，那么有可能是吊杆组件脱离了洗衣桶的吊耳，如图 8-25 所示。

⑤ 检查脱离洗衣桶的吊杆组件，发现没有明显的损伤，说明该吊杆组件是偶然性脱离了洗衣桶，只需要将其重新安装即可，如图 8-26 所示。

⑥ 经检查，如发现吊杆组件的阻尼筒或是阻尼碗损坏，说明该吊杆组件是故障性脱离了箱体。吊杆组件的阻尼筒和阻尼碗同样是采用塑料制成的，长时间承重洗衣桶悬挂在箱体上，会使阻尼筒和阻尼碗产生裂纹或严重损坏，将直接导致洗衣桶旋转过程中不平衡或是产生严重的噪声，影响波轮式洗衣机的正常工作。

挂头没有脱离箱体

吊杆组件
吊耳
吊杆组件脱离吊耳

图 8-25　检查吊杆组件与洗衣桶的悬挂状态

吊杆组件
吊耳
吊杆组件脱离吊耳

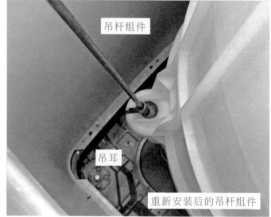
吊杆组件
吊耳
重新安装后的吊杆组件

图 8-26　重新安装脱落洗衣桶的吊杆组件

　　⑦ 阻尼装置与洗衣桶发生故障性脱离的故障，除了是阻尼筒或阻尼碗损坏以外，还有可能是盛水桶的吊耳引起的。波轮式洗衣机在长时间的使用过程中，采用塑料制成的盛水桶吊耳也很容易损坏。

　　⑧ 如果吊耳损坏，就需要更换盛水桶，但是也可以通过对吊耳进行修补，并使其能够与吊杆组件相关联的方法来排除故障。

　　⑨ 若洗衣机在工作过程中产生了很大的噪声，但是对减振支撑装置进行检查，没有发现吊杆脱落或损坏，则应重点检查挂头下面，垫在箱体球面凹槽上的毛毡，如图 8-27所示。

　　⑩ 毛毡起到缓冲挂头与箱体之间的摩擦作用，如果毛毡发生了变形或是磨损，将增大箱体与挂头之间的摩擦力，产生很大的声响。此时只要更换良好的毛毡或者是采用其他缓冲垫代替即可。如图 8-28 所示，这里使用了泡沫塑料代替毛毡，垫在挂头与箱体球面凹槽之间，同样起到了减小摩擦力、降低噪声的作用。

　　⑪ 吊杆组件在洗衣机当中起到了减振支撑的作用，为了使其能够发挥最佳的工作性能，则需要定期对吊杆组件进行维护，如图 8-29 所示，涂抹润滑油，防止生锈。

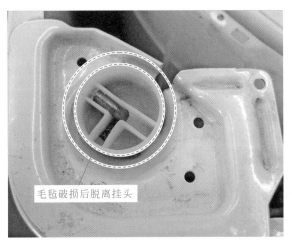

图 8-27　检查毛毡

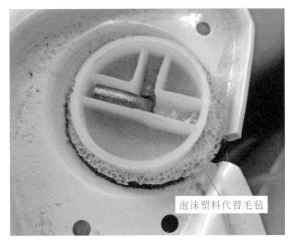

图 8-28　泡沫塑料代替毛毡

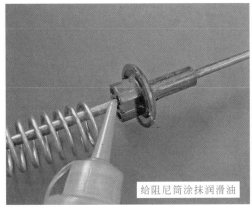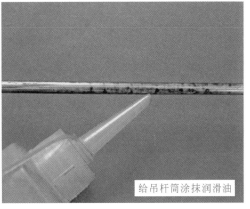

图 8-29　吊杆组件的维护

⑫ 吊杆组件在波轮式洗衣机中的安装方法非常简单，当需要对其进行安装时，可先将阻

尼装置安装到吊耳上，然后将洗衣桶稍微向上提起，即可将挂头安装到箱体球面凹槽处，如图 8-30 所示。

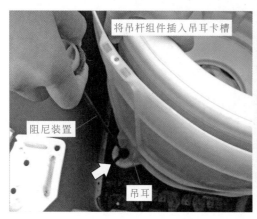
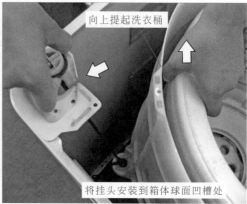

图 8-30　吊杆组件的安装

8.3　滚筒式洗衣机减振支撑系统的检修

8.3.1　滚筒式洗衣机箱体的检修

滚筒式洗衣机的箱体同波轮式相比、受力环境不同，通常在设计上更讲究，箱体更坚固。在检修和装饰时，更要注意安装到位，相互之间的配合良好。

通常，滚筒式洗衣机的箱体都是由薄钢板冲压成型的，将成型后的箱体用铆钉进行铆接或通过焊接工具进行焊接。

图 8-31 为典型滚筒式洗衣机的箱体结构，主要由主箱体、后板、后盖板、连接板、上盖板和踢脚板等构成。

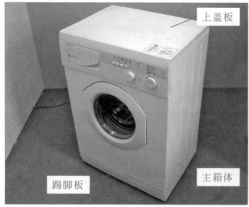
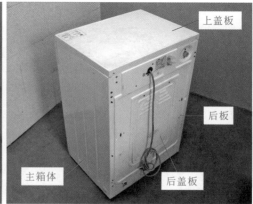

图 8-31　滚筒式洗衣机的箱体结构

滚筒式洗衣机的后板通过铆钉和固定螺钉与主箱体进行固定，如图 8-32 所示。

图 8-32　后板与主箱体的固定

在后板上有三个固定螺钉和两个固定卡扣，用于固定后盖板，在后盖板上有透气孔，起到防潮和方便维修的作用。当洗衣机出现故障时，将后盖板卸下，即可对其内部的元件进行检测，如图 8-33 所示。

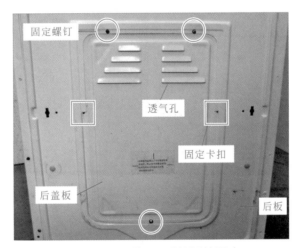

图 8-33　后板及后盖板的固定

在滚筒式洗衣机箱体的顶端还设有两个连接板，通过铆接和焊接与滚筒式洗衣机的主箱体进行固定，在其两个连接板的侧端设有滚筒式洗衣机内部元件的固定孔和固定挂钩处，起到主箱体与内部元件的连接作用。在连接板的上端还设防振海绵垫，防振海绵垫呈细长形，用于减小滚筒式洗衣机工作中上盖板与主箱体之间的振动，如图 8-34 所示。

滚筒式洗衣机的上盖板由塑料原料制成，在其内侧设有防振扣，与连接板上的海绵垫接触，用于减小滚筒式洗衣机工作中上盖板与主箱体之间的振动，上盖板与主箱体是用后端的两个固定螺钉进行固定的，如图 8-35 所示。

踢脚板通常设在滚筒式洗衣机的前端，用户在使用过程中踢到踢脚板，这时不会对滚筒式洗衣机的主箱体造成直接的损坏。踢脚板损坏后，可直接对其进行更换。滚筒式洗衣机的踢脚板与主箱体是通过固定卡扣进行固定的，如图 8-36 所示。

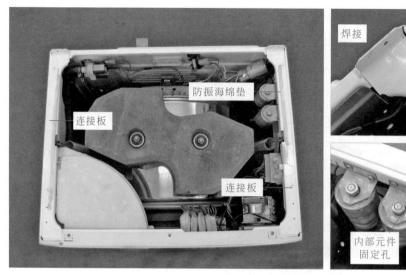

图 8-34　连接板与主箱体的连接

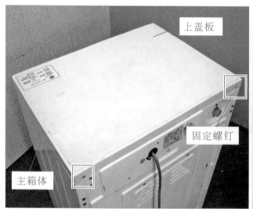

图 8-35　上盖板与主箱体的连接

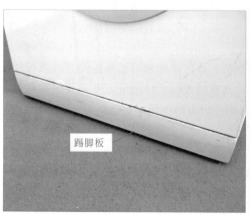

图 8-36　踢脚板与主箱体的固定

在滚筒式洗衣机的下端也有两个连接板，用于连接内部元件和底脚，通过铆钉固定在滚筒式洗衣机的主箱体上，如图 8-37 所示。

图 8-37　底端连接板的连接

在滚筒式洗衣机的底部设有 4 个底脚，4 个底脚为可调底脚，由橡胶制成，可起到防振的作用，还可通过调节底脚，来实现滚筒式洗衣机的平衡，如图 8-38 所示。

图 8-38　滚筒式洗衣机的底脚

滚筒式洗衣机箱体出现的故障主要是踢脚板和底脚损坏，其他部位均由坚固的薄钢板制成，出现故障的可能性很小。

（1）踢脚板的检修

滚筒式洗衣机的踢脚板位于洗衣机下端，人们在滚筒式洗衣机旁取放衣物时很容易将踢脚板踢坏，损坏后可以对其进行更换，维修便捷，不会对滚筒式洗衣机的箱体造成直接的损坏。

① 踢脚板是由卡扣卡在滚筒式洗衣机的箱体上的，取下时应使用一字螺丝刀撬动卡扣，并向外侧掰动踢脚板，即可将损坏的踢脚板取下，如图 8-39 所示。

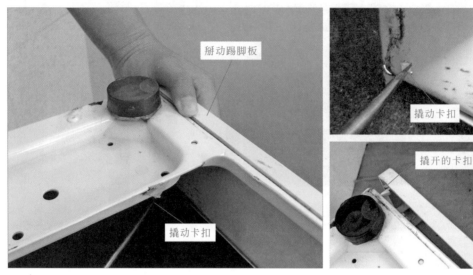

图 8-39　取下踢脚板

② 取下损坏的踢脚板后，将良好的踢脚板更换上即可。

（2）底脚的检修

滚筒式洗衣机箱体下端的底脚是由橡胶制成的，在长时间的使用过程中由于工作环境的影响，会对底脚造成一定的损坏，如底脚老化等。底脚损坏后，直接导致滚筒式洗衣机不平衡，在洗涤过程中晃动，影响滚筒式洗衣机的正常工作。此时，应对损坏的滚筒式洗衣机的底脚进行更换。

① 如图 8-40 所示，将损坏的滚筒式洗衣机的底脚拧下。

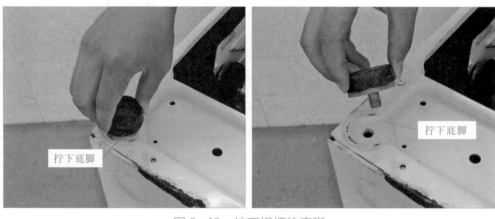

图 8-40　拧下损坏的底脚

② 拧下损坏的底脚后，将良好的底脚拧上即可排除底脚的故障。

8.3.2　滚筒式洗衣机减振支撑装置的检修

滚筒式洗衣机的减振支撑装置由吊装弹簧和支撑减振器构成，两者相配合支撑洗衣机滚筒。该部分出现故障主要表现为洗衣机在工作过程中噪声大，其原因主要是滚筒式洗衣机的内部元件松动、脱落或电动机的轴承损坏等。排除以上引起滚筒式洗衣机产生噪声或工作失衡的因素，就是由滚筒式洗衣机减振支撑装置而引起的故障，此时，就需要对滚筒式洗衣机的减振支撑装置进行检修。

① 检查吊装弹簧与箱体和外桶之间是否挂接正常，与箱体的挂垫是否损坏，若 2 个吊装弹簧的弹性不一致，也会引起滚筒的不平衡，使滚筒在工作过程中严重失衡，严重时会对滚筒造成一定的损伤。此时，应对失去弹性、损坏的吊装弹簧进行更换，如图 8-41 所示。

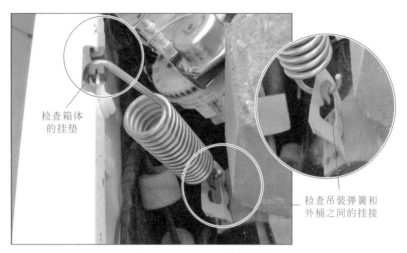

检查箱体
的挂垫

检查吊装弹簧和
外桶之间的挂接

图 8-41　检查吊装弹簧

② 若 2 个吊装弹簧与外桶和箱体挂接均正常，并且弹性一致，此时应对减振器进行检修。将滚筒式洗衣机翻转过来，使洗衣机底部向上，检查固定减振器的固定螺栓和螺母是否松动，若松动，可使用活扳手固定住螺栓，再借用另一个活扳手拧紧螺母，将其拧紧后即可排除故障，如图 8-42 所示。

固定住螺栓

固定螺栓、
螺母松动

拧紧螺母

图 8-42　检查减振器的固定装置

③ 拧紧固定装置后，开机试机还会造成滚筒式洗衣机滚筒失衡或产生噪声，此时，应检查是否由于减振器的阻尼器与气缸之间的润滑剂用尽或密封垫损坏，增加了阻力，降低了密封性，从而引起减振器的减振能力下降，若是由此引起的滚筒式洗衣机滚筒失衡或产生噪声，则应将减振器拆卸下来，减振器的拆卸方法在前面已经介绍过，这里就不再复述了。

④ 减振器从滚筒式洗衣机上拆卸下来后，将阻尼器从气缸中拔出，如图 8-43 所示。

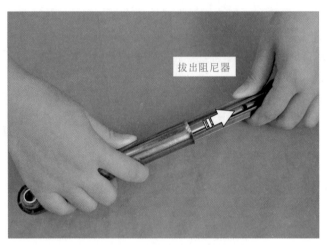

图 8-43　拔出阻尼器

⑤ 如图 8-44 所示为拔下的阻尼器和气缸，从图中可看出，密封垫设在阻尼器插入气缸的一端。

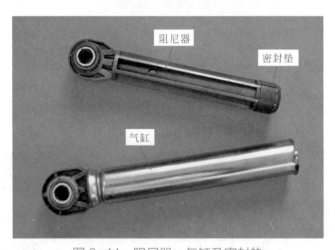

图 8-44　阻尼器、气缸及密封垫

⑥ 检查气缸的连接端是否连接正常，若连接端出现故障，则会降低减振器的减振能力，如图 8-45 所示。

⑦ 检查阻尼器上的密封垫是否损坏，是否与阻尼器脱离，如图 8-46 所示。

⑧ 将损坏的密封垫粘连在阻尼器上，使密封垫之间的缝隙达到最小，如图 8-47 所示。

⑨ 粘连好密封垫后，应对阻尼器端加注润滑油，来增强阻尼器与气缸之间的润滑性，进而增强减振器的减振能力，如图 8-48 所示。

图 8-45　检查气缸的连接端

图 8-46　检查密封垫

图 8-47　粘连密封垫

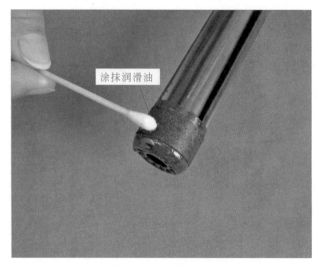

图 8-48　加注润滑油

⑩ 将涂抹完润滑油的阻尼器重新插入气缸中，如图 8-49 所示。

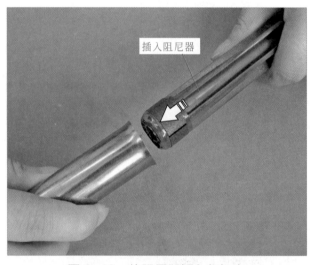

图 8-49　将阻尼器插入气缸中

⑪ 将检修完好的减振器装回滚筒式洗衣机中，即可排除减振支撑装置的故障。

第 9 章

洗衣机电气系统的检修

9.1 洗衣机电气系统的结构

9.1.1 波轮式洗衣机电气系统的结构

波轮式洗衣机的电气系统实际上是对整个洗衣机进行控制的系统，图 9-1 为典型波轮式洗衣机电气系统的基本结构。其中，进水电磁阀、水位开关和排水阀牵引器虽然属于给排水系统，但是它们是在电流的作用下动作的，其动作受程序控制器的指令控制，因此，对其进行控制的是电气系统。电动机的供电也是在程序控制器的控制下进行工作的。

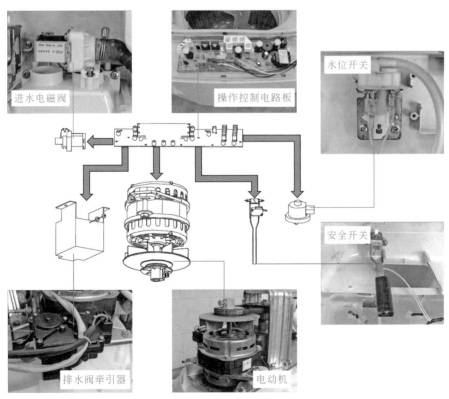

图 9-1　典型波轮式洗衣机电气系统的基本结构

221

9.1.2 滚筒式洗衣机电气系统的结构

电气系统是对整个滚筒式洗衣机进行控制的系统，主要由程序控制器、电子调速器、加热器、温度控制器、电动门锁、传感器等组成，其中进水电磁阀、水位开关、排水泵、电动机等是机电一体化的部件，其中的程序控制器是洗衣机的控制核心，程序控制器根据人工指令和预定程序，对洗衣机各主要部位发出指令，进行相应的动作。洗衣机操作和控制电路与被控制部件的关系如图9-2所示。

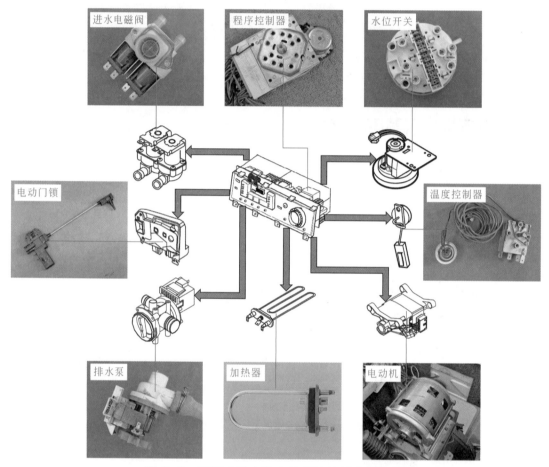

图 9-2　滚筒式洗衣机电气系统的基本结构图

9.2　程序控制器的结构

程序控制器是用来控制洗衣机工作状态的，是进行人机交互的重要装置。目前的洗衣机所使用的程序控制器主要有机械式程序控制器和电脑式程序控制器。此外，还有电脑式和机械式混合的程序控制器。

9.2.1　机械式程序控制器

机械式程序控制器通常用于半自动洗衣机中，它主要是通过机械传动的方式，根据预设的角度，定时运转，按一定的时序输出控制信号，其典型结构如图9-3所示，为海尔小小神童XQM15-A洗衣机的机械式程序控制器。

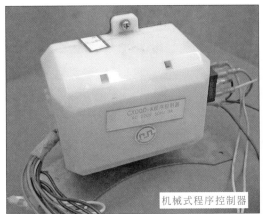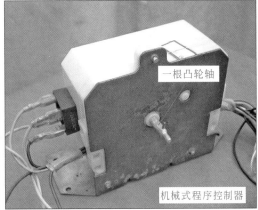

图9-3　机械式程序控制器

图9-4为机械式程序控制器的内部结构，从图中可以看出，机械式程序控制器主要是由同步电动机、凸轮组、开关滑块、触片组、主轴、波动弹簧、棘爪、快跳棘轮、限制臂等部件组成的。

图9-4　机械式程序控制器内部结构

机械式程序控制器的同步电动机采用的是3W或5W的有刷电动机，同步电动机通过驱动齿轮组，带动凸轮组旋转。图9-5所示为同步电动机与驱动齿轮组的连接。

机械式程序控制器的控制程序和时间预设在凸轮组的四周轮廓上，凸轮在旋转的过程中，通过凸轮组上不同半径的凸轮片控制触片上触点开关的通断及通断时间，如图9-6所示。触片上触点的开启/闭合状态与洗衣机的启动电容、进水系统、排水系统相配合，控制洗衣机的运行。

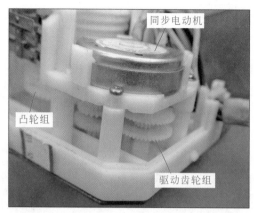

图 9-5　同步电动机与驱动齿轮组的连接

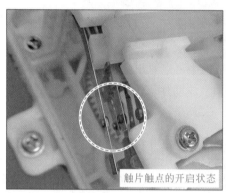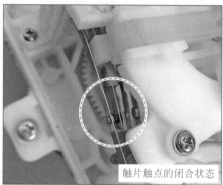

图 9-6　机械式程序控制器触点的开启 / 闭合状态

洗衣机控制
电路的结构

9.2.2　电脑式程序控制器

电脑式程序控制器是由微处理器和外围元器件等组成的，图 9-7 为全自动波轮式洗衣机的电脑式程序控制器。

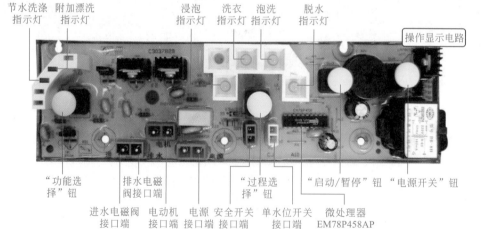

图 9-7　全自动波轮式洗衣机的电脑式程序控制器

该洗衣机的程序控制器采用了防水措施，就是将电路板和主要元器件都密封在绝缘塑料或橡胶之中，如图9-8所示。

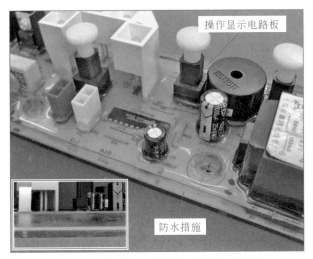

图9-8 电脑式程序控制器的防水措施

电脑式程序控制器是通过操作按钮和指示灯进行人工指令输入和工作状态显示的，如图9-9所示。

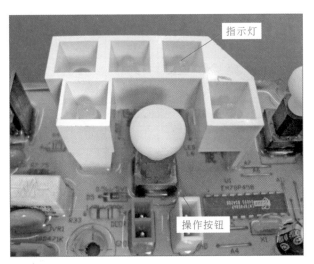

图9-9 操作按钮和指示灯

当人工指令输入以后，电脑式程序控制器经过微处理器的控制，对整机进行协调。图9-10所示为惠而浦W14231S全自动波轮式洗衣机所使用的微处理器EM78P458，该芯片有20个引脚，其引脚功能见表9-1。

电脑式程序控制器经过处理后的数据信号都是通过接口端实现控制信号传输的。图9-11所示为该洗衣机的5个接口端，包括电源接口端、进水/排水电磁阀接口端、电动机接口端、安全开关接口端和单水位开关接口端。图9-12为接口端与整机其他部件的连接。

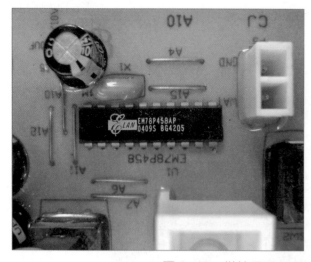

图 9-10　微处理器 EM78P458

表 9-1　微处理器 EM78P458 引脚功能

引脚	功能	引脚	功能
1	输入 / 输出，电压比较器输入	11	输入 / 输出，A/D 变换输入
2	输入 / 输出，电压比较器输出	12	复位，外部终端输入
3	输入 / 输出，A/D 变换输入	13	输入 / 输出，PWM 输出
4	输入 / 输出，A/D 变换输入	14	输入 / 输出，PWM 输出
5	接地	15	输入 / 输出，基准电压输入
6	输入 / 输出，A/D 变换输入	16	电源
7	输入 / 输出，A/D 变换输入	17	晶振输出
8	输入 / 输出，A/D 变换输入	18	晶振输入
9	输入 / 输出，A/D 变换输入	19	输入 / 输出，触发输入
10	输入 / 输出，A/D 变换输入	20	输入 / 输出，电压比较器输入

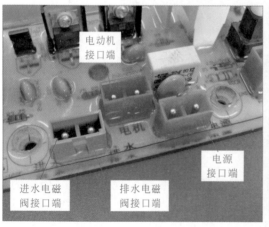
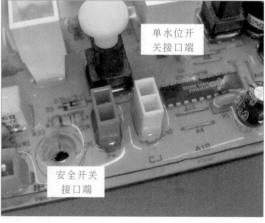

图 9-11　电脑式程序控制器接口端

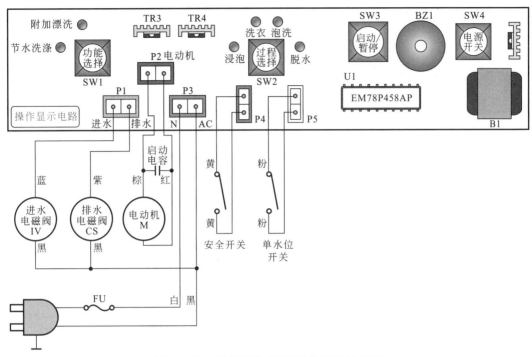

图 9-12　接口端与整机其他部件的连接

9.2.3　机械－电脑式程序控制器

机械 - 电脑式程序控制器主要由机械控制装置和电路板两部分组成，图 9-13 为滚筒式洗衣机的机械 - 电脑式程序控制器。

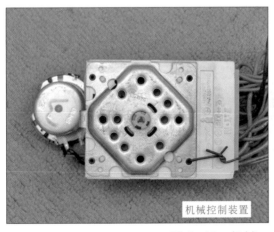

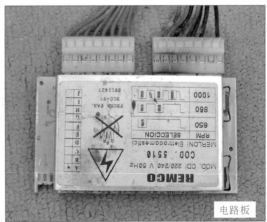

图 9-13　机械－电脑式程序控制器

机械 - 电脑式程序控制器的机械控制装置与机械式程序控制器控制方式类似，同样通过主轴的转动，调整洗衣机的工作状态。机械控制装置主要由同步电动机、主轴、连接插件及其内部的凸轮齿轮组构成，如图 9-14 所示。

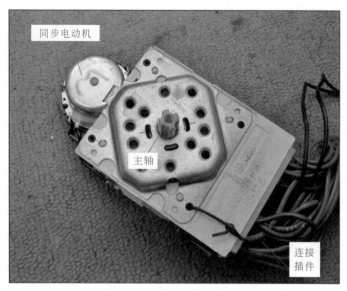

同步电动机

主轴

连接插件

图9-14 机械控制装置

与机械式程序控制器不同，机械 - 电脑式程序控制器除了采用机械控制的方式外，还要通过电路板对洗衣机中的其他器件进行启动控制。图 9-15 所示为机械 - 电脑式程序控制器的电路板及其背部引脚对照。

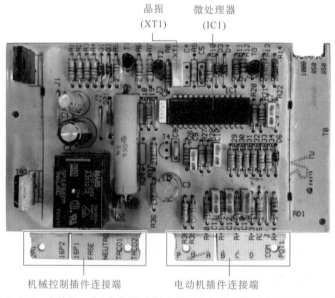

晶振(XT1)　微处理器(IC1)

机械控制插件连接端　　电动机插件连接端

图9-15 机械 - 电脑式程序控制器的电路板及其背部引脚对照

该洗衣机的程序控制器电路板采用了防水措施，即在电路板上涂抹一层防水胶膜，如图 9-16 所示。

当对机械控制装置进行操作控制时，控制信号经过电路板的微处理器，对整机信号进行处理。图 9-17 为滚筒式洗衣机所使用的微处理器（IC1），该芯片共有 28 个引脚。

机械 - 电脑式程序控制器电路板处理后的控制信号通过接口端进行传输，图 9-18 所示为该电路板的 2 个接口端，分别为电动机接口端和机械控制装置接口端。

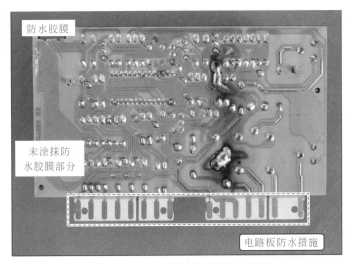

图 9-16　程序控制器的防水措施

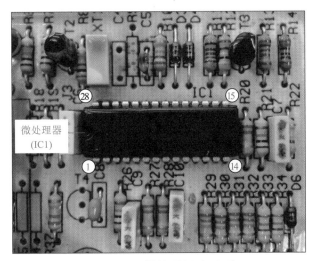

图 9-17　微处理器（IC1）

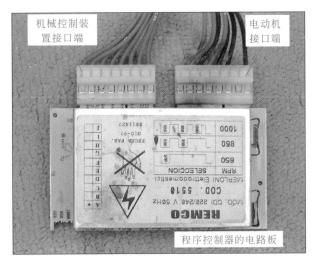

图 9-18　机械 - 电脑式程序控制器电路板的接口端

9.3 程序控制器的检修

9.3.1 机械式程序控制器的检修

（1）机械式程序控制器的拆卸

① 使用一字螺丝刀将机械式程序控制器外壳两端的卡扣撬开，如图 9-19 所示。

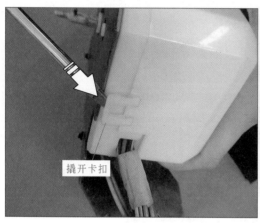

撬开卡扣

撬开卡扣

图 9-19　撬开机械式程序控制器外壳的卡扣

② 将卡扣撬开后，便可以直接将机械式程序控制器外壳的上盖取下了。此时，就可以看到机械式程序控制器的内部结构了，如图 9-20 所示。

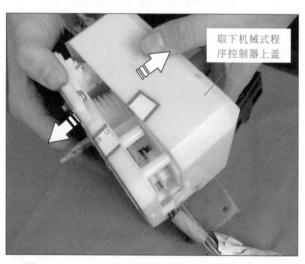

取下机械式程序控制器上盖

图 9-20　取下机械式程序控制器外壳的上盖

（2）机械式程序控制器的检修方法

① 通过检查机械式程序控制器内部结构检查机械式程序控制器是否有损坏的器件，可以先查看机械式程序控制器的开关滑块是否因为受热过大而导致变形，如图 9-21 所示。

② 检查机械式程序控制器的齿轮组是否有磨损现象，如图 9-22 所示，若出现磨损现象，直接将其更换即可。与齿轮组不同，凸轮组就需要转动主轴进行检测。

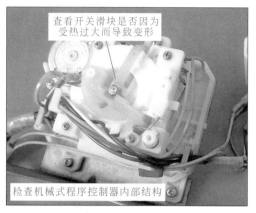

图 9-21　检查机械式程序控制器内部

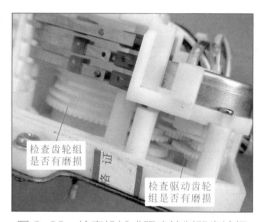

图 9-22　检查机械式程序控制器齿轮组

③ 若齿轮组没有损坏，再检查机械式程序控制器两端的触片组。触片组正常时，旋转主轴（控制开关），使洗衣机处在不同的工作状态，触片组的位置也会有变化，如图 9-23 所示。若在旋转控制开关的过程中，触片组无任何反应表明触片组中的触片有损坏，查找出损坏的触片并进行更换即可。

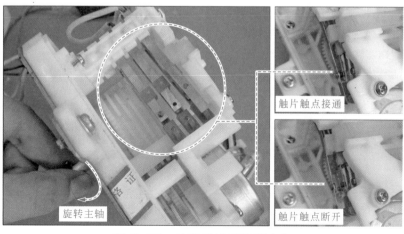

图 9-23　检查触片组位置变化

④ 经检测后，机械式程序控制器的主轴、齿轮组和凸轮组等均正常，再使用万用表检测机械式程序控制器的同步微电机的电阻。在检测同步微电机时，由于所检测的同步微电机为有刷电机，因此，在检测时会出现无法检测出阻值的情况，需要通过转动主轴进行检测，如图 9-24 所示。

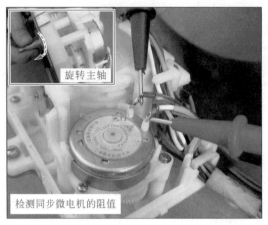

图 9-24　检测同步微电机

若在主轴的转动过程中，可以检测出 60 Ω 左右的阻值，表明所检测的同步微电机没有损坏；若无论怎样旋转主轴，都无法检测出同步微电机的阻值，表明该电机已经损坏，将其更换后，再将洗衣机进行开机测试，故障排除。

9.3.2　电脑式程序控制器的检修

① 电脑式程序控制器由于采用了防水绝缘措施，对电子元器件的检修有一定的困难。此时可以通过接口端的检测，从而判断该接口端与其外围电路是否正常。

② 将洗衣机供电端的数据线连接到电源接口端，如图 9-25 所示，再将电源插头接到电源板上，使 220V 交流电压送到电脑式程序控制器上。

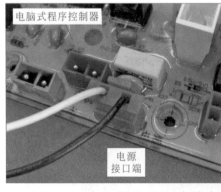

图 9-25　电脑式程序控制器接通电源

③ 当电源供电连接完成之后，按下"电源开关"钮，如图 9-26 所示，使电脑式程序控制器处于供电状态。

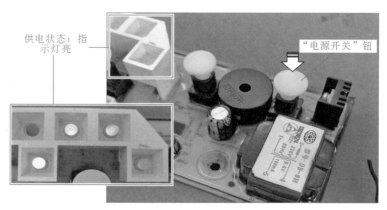

图 9-26　按下"电源开关"钮

④ 此时测量安全开关接口端会检测到 DC 5V 电压，如图 9-27 所示。经过检测，发现靠近电脑式程序控制器（操作显示电路板）边缘的接口为负端，也就是黑表笔接触端。

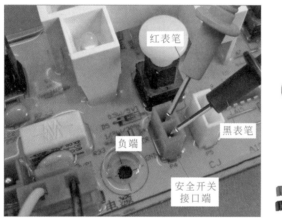 

图 9-27　安全开关接口端电压检测

⑤ 单水位开关接口端通常提供 DC 5V 电压，如图 9-28 所示，与安全开关接口端的检测方法相同，靠近电脑式程序控制器（操作显示电路板）边缘的接口为负端，应接黑表笔。

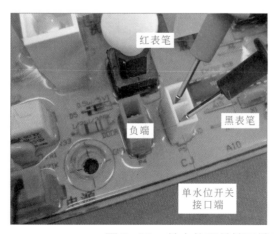 

图 9-28　单水位开关接口端电压检测

⑥ 洗衣机进行工作的时候，安全开关和单水位开关是处于闭合状态的，因此可以使用变形的曲别针，短接安全开关接口端和单水位开关接口端，如图 9-29 所示。

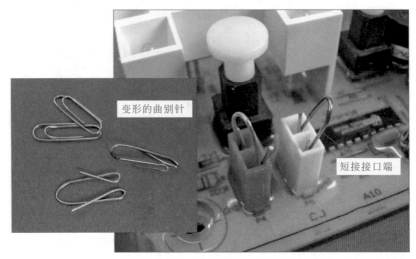

图 9-29　短接安全开关接口端和单水位开关接口端

⑦ 将万用表红表笔接在进水接口端，黑表笔接负端，即电源接口端的黑色数据线，此时可以检测到 AC 180V 左右的电压，如图 9-30 所示。

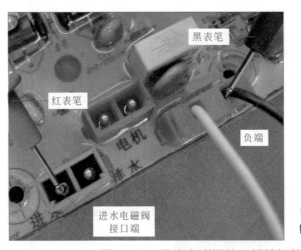

图 9-30　进水电磁阀接口端待机状态的检测

⑧ 如图 9-31 所示，通过"过程选择"钮（标记①处）选择洗衣机的工作状态，使"洗衣"指示灯亮起，然后再按下"启动 / 暂停"钮（标记②处），使洗衣机处于洗衣工作状态，此时可以检测到进水电磁阀接口端的电压为 AC 220V，说明进水电磁阀开始工作。

⑨ 通过检测进水电磁阀接口端的电压值，发现处于非"洗衣"状态时，洗衣机工作状态下的进水电磁阀处于待机状态，而当选择了"洗衣"工作状态时，洗衣机工作状态下的进水电磁阀处于运行状态。

⑩ 将万用表红表笔接在排水接口端，黑表笔接负端，即电源接口端的黑色数据线，此时可以检测到 AC 180V 左右的电压，如图 9-32 所示。

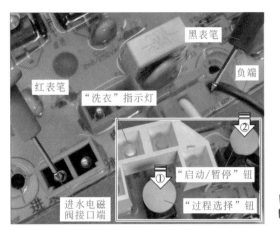

图 9-31　进水电磁阀接口端工作状态的检测

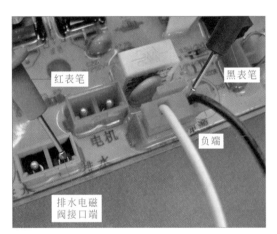

图 9-32　排水电磁阀接口端待机状态的检测

⑪ 如图 9-33 所示，通过 "过程选择" 钮（标记①处）选择洗衣机的工作状态，使 "脱水"
指示灯亮起，然后再按下 "启动 / 暂停" 钮（标记②处），当洗衣机处于脱水工作状态，此时
可以检测到排水电磁阀接口端的电压为 AC 220V，说明排水电磁阀开始工作。

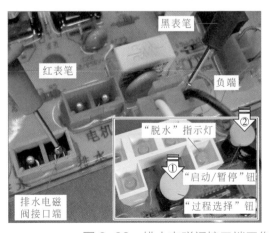

图 9-33　排水电磁阀接口端工作状态的检测

⑫ 通过检测排水电磁阀接口端的电压值，发现处于非"脱水"状态时，洗衣机工作状态下的排水电磁阀处于待机状态，而当洗衣机处于"脱水"工作状态时，洗衣机工作状态下的排水电磁阀处于运行状态。

⑬ 在洗衣机处于待机状态时，电动机接口端的电压检测应为 0V，如图 9-34 所示。

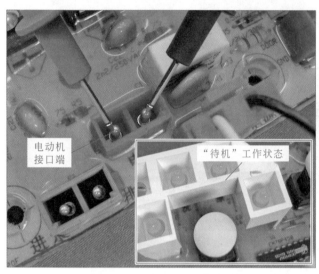

图 9-34 "待机"状态检测电动机电压

⑭ 当设置好洗衣机工作程序，使洗衣机处于正反转旋转洗涤工作状态时，电动机接口端的电压检测应为 380V 间歇供电电压，如图 9-35 所示。

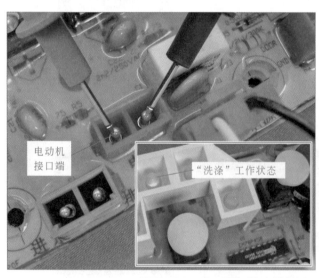

图 9-35 "工作"状态检测电动机电压

9.3.3 机械-电脑式程序控制器的检修

由于机械-电脑式程序控制器的连接线路比较复杂，在检修过程中，要排除是由于其他器件所引起的故障，在确保其他器件良好的情况下，再对机械-电脑式程序控制器进行检修。

（1）机械控制装置的检修方法

① 检修机械控制装置时，主要对机械控制装置的同步电动机进行检测。检测时，使用万用表检测同步电动机的阻值是否正常，如图 9-36 所示，

检测同步电动机阻值

图 9-36　同步电动机的检测

若检测时，同步电动机的阻值为 5kΩ 左右，表明该电动机正常；若检测时，同步电动机的阻值为零或无穷大，表明同步电动机已经损坏，需要使用同规格的电动机进行更换。

② 机械控制装置的同步电动机正常，旋转机械控制装置的主轴，同时查看主轴是否与内部结构结合良好，如图 9-37 所示。

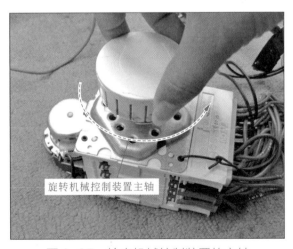

旋转机械控制装置主轴

图 9-37　检查机械控制装置的主轴

由于机械控制装置内部的结构较复杂，并且各厂商的制作规格也不同，因此，若机械控制装置损坏，只能将其进行更换。

（2）机械 - 电脑式程序控制器电路板的检修方法

① 在对机械 - 电脑式程序控制器电路板进行检修时，需要将电路板与其散热片分离。如

图 9-38 所示，电路板上的晶闸管通过固定卡子与散热片固定，拆卸时，使用尖嘴钳取下固定卡子即可分离晶闸管与散热片。

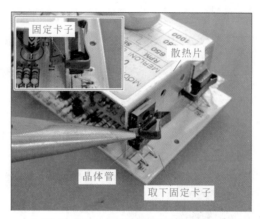

图 9-38 分离晶闸管与散热片

② 散热片通过固定脚与电路板进行固定，并且为了确保散热片的稳固，其固定脚通过扭曲后便可牢固地卡在电路板上，如图 9-39 所示。

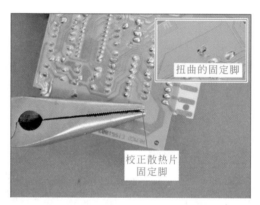

图 9-39 散热片的固定脚

③ 使用尖嘴钳将散热片底部的固定脚校正后，即可将散热片取下，如图 9-40 所示。

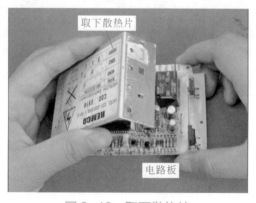

图 9-40 取下散热片

④ 至此，电路板便已拆卸下来了，图 9-41 所示为机械 - 电脑式程序控制器电路板的引脚对照图。

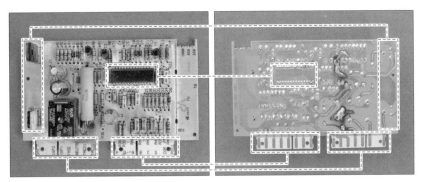

图 9-41　机械 - 电脑式程序控制器电路板的引脚对照图

⑤ 对电路板进行检测时，通过观察表面查看电路板上的元器件是否损坏，是否存在烧坏、击穿等现象，如图 9-42 所示。

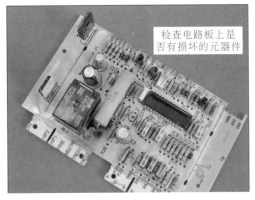

检查电路板上是否有损坏的元器件

图 9-42　观察电路板表面是否有损坏的元器件

⑥ 微处理器（IC1）是电路板中主要的元器件之一，检测时，主要检测其各引脚的对地阻值是否正常。图 9-43 所示为微处理器（IC1）的检测，测得其各引脚对地阻值见表 9-2。

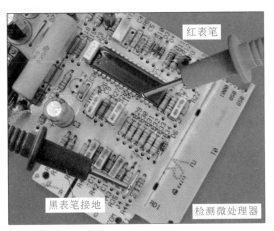

红表笔

黑表笔接地

检测微处理器

图 9-43　微处理器（IC1）的检测

表 9-2　微处理器（IC1）各引脚的对地阻值

引脚	对地阻值	引脚	对地阻值	引脚	对地阻值	引脚	对地阻值
1	0×1kΩ	8	23×1kΩ	15	5.8×1kΩ	22	0×1kΩ
2	0×1kΩ	9	23×1kΩ	16	5.8×1kΩ	23	0×1kΩ
3	27×1kΩ	10	28×1kΩ	17	5.8×1kΩ	24	16.5×1kΩ
4	18.5×1kΩ	11	28×1kΩ	18	5.8×1kΩ	25	16.5×1kΩ
5	22×1kΩ	12	28×1kΩ	19	5.8×1kΩ	26	31×1kΩ
6	20×1kΩ	13	28×1kΩ	20	5.8×1kΩ	27	31×1kΩ
7	32×1kΩ	14	28×1kΩ	21	0×1kΩ	28	15×1kΩ

⑦ 在电路板中，二极管是比较容易损坏的元器件。在检修电路板的过程中，同样需要对二极管进行检测。如图 9-44 所示，使用万用表分别检测二极管的正反向阻抗是否正常。

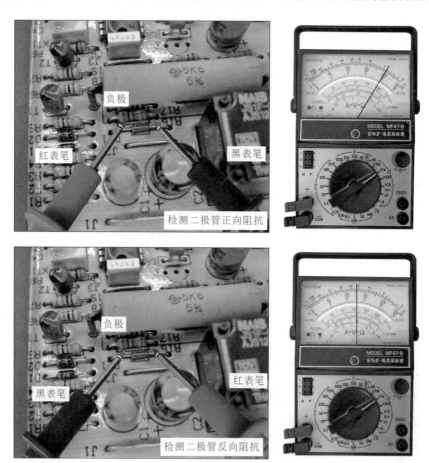

图 9-44　检测二极管的正反向阻抗

在对二极管进行在路检测时，由于其他器件的在路干扰，其正反向阻抗都可以检测到一定的阻值，即测得该二极管的正向阻抗为 4kΩ，反向阻抗为 16kΩ。若在开路检测时，其反向阻抗应为无穷大。

⑧ 在电路板中，主要由晶振为微处理器提供晶振信号，如图 9-45 所示，该晶振的其中一

个引脚接地，其他分别与微处理器相连。

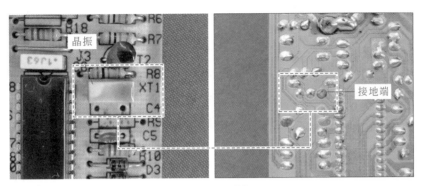

图 9-45　晶振

检测时，使用黑表笔搭在晶振的接地端，红表笔分别检测晶振的其他两个引脚，如图 9-46 所示，此时均可以测得 30kΩ 的阻值。

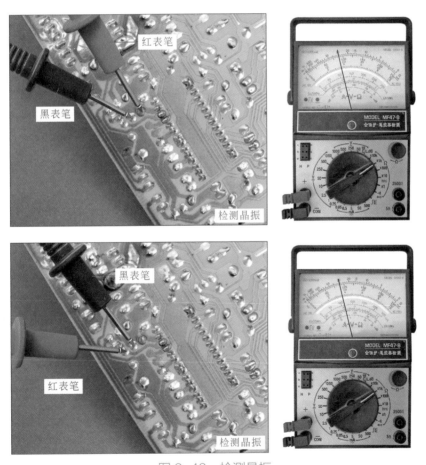

图 9-46　检测晶振

⑨ 图 9-47 所示为使用万用表检测水泥电阻是否正常。若检测时，测得阻值为 4kΩ，表明该电阻正常；若检测时，测得阻值很小或趋于无穷大，表明该电阻已经损坏。

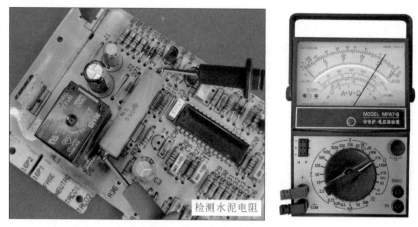

检测水泥电阻

图 9-47　检测水泥电阻

9.4　电子调速器的结构和检修

在滚筒式洗衣机中，驱动电动机的电子调速器是重要的驱动控制电路，其作用是在滚筒式洗衣机中自动改变电动机的转速，并具有振动小、运转平稳、噪声小的特点。

9.4.1　电子调速器的结构

电子调速器通过控制电动机的运转速度，来控制洗衣机脱水时的转速，图 9-48 所示为电子调速器控制的简易线框图。通过调节电子调速器，设定洗衣机脱水时的转速。电子调速电路接收到程序控制器的控制信号和电子调速器的设定值信号后，输出相应的控制电压，再由晶闸管控制串励电动机的转动速度，串励电动机将转动速度信号传送给速度传感器，速度传感器将检测到的串励电动机的转动速度信号传送给电子调速电路，从而实现自动转速控制。

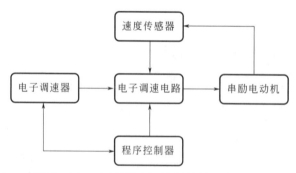

图 9-48　电子调速器控制的简易线框图

电子调速器主要由凸轮、接线板、调节轴、开关触点等组成。

9.4.2　电子调速器的检修

当电子调速器出现故障时，主要表现为滚筒式洗衣机脱水功能失常。

① 滚筒式洗衣机出现脱水功能失常的故障时，首先检查电子调速器的旋钮是否打开，该

钮应处于开通状态。

②若电子调速器的旋钮处于打开状态，滚筒式洗衣机仍不能脱水，则应检查电子调速电路中的元器件是否损坏，若损坏应对其损坏的元器件进行更换。

③检查电子调速器、程序控制器、电子调速电路之间的连接线是否插接良好，若有松动，将其重新插接，并确认状态良好。

④经检测滚筒式洗衣机仍不脱水，此时，应对其他外围元件及电路进行检修。

9.5 加热器的结构和检修

在滚筒式洗衣机中设置加热器，主要用来在洗涤过程中对洗涤液进行加热，从而提高滚筒式洗衣机的洗涤效果。

9.5.1 加热器的结构

滚筒式洗衣机的加热器位于洗衣机外桶的底部内侧，如图9-49所示，在图中可以看到加热器的接线端子位于滚筒式洗衣机外桶的外侧。

洗衣机加热器的结构与检测方法

外桶

加热器

图9-49 加热器的安装位置

在滚筒式洗衣机加热器的引出端设有密封橡胶垫、钢板和加热器保护盒，当加热器安装在滚筒式洗衣机的外桶上时，密封橡胶垫与外桶的长圆孔周围充分接触。此时，拧紧加热器中间的固定螺钉，钢板就会挤压密封橡胶垫，使密封橡胶垫向外桶的外侧膨胀，使其与外桶的长圆孔紧密接触，来达到加热器安装牢固和防水的作用。加热器安装完成后，在密封橡胶垫的周围涂抹上密封胶，来防止加热管漏水，实现更好的密封和防水效果，如图9-50所示。

图9-51所示为加热器的实物，该加热器有3个接线端子，其中位于中间的为接地端。

图9-52所示为加热器的内部结构，从图中可看出加热器主要由金属管、电热丝、绝缘材料、接线端子等组成。

加热器的加热管采用不锈钢材料制成，在其加热管的内侧装有一根功率在0.8～2kW范围内的电热丝，电热丝与加热管之间填满耐高温的绝缘粉末，用来加强其绝缘性。

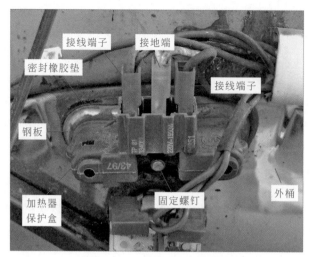

图 9-50　加热管的固定

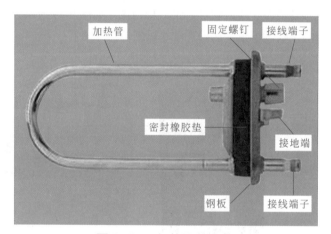

图 9-51　加热器的实物

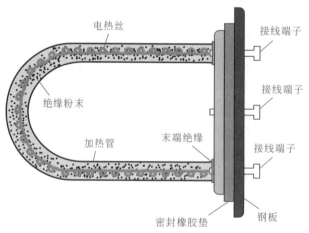

图 9-52　加热器的内部结构

　　当滚筒式洗衣机输入温度控制信号时，加热器开始对洗衣机内的洗涤液进行加热，使水温升高，从而提高滚筒式洗衣机的洗涤效果，如图 9-53 所示。

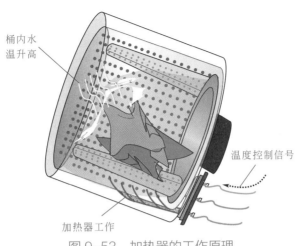

桶内水
温升高

温度控制信号

加热器工作

图 9-53　加热器的工作原理

9.5.2　加热器的检修

加热器的损坏主要表现为安装加热器处漏水、加热电路不通等。在检修时，应根据故障现象，查找其故障点。

① 当加热器出现漏水现象时，主要是由加热器的密封不良所致，此时应在加热器的密封橡胶垫处涂抹一层密封胶，增强其加热器的密封性和封水性，如图 9-54 所示。

图 9-54　涂抹密封胶

② 由于滚筒式洗衣机长时间工作，振动性较大，因此会造成加热器的固定螺钉松动，此时，将加热器的固定螺钉重新拧紧，即可排除加热器漏水的故障，如图 9-55 所示。

③ 经过检修后，加热器的密封性和固定处均良好，此时，表明故障点在滚筒式洗衣机的加热器本身损坏或外围控制器件出现故障，需要进行进一步检修。

④ 将滚筒式洗衣机通电后，使用万用表检测加热器两端的供电电压，将万用表的量程调整至交流电压挡，检测加热器的两端是否有 220V 的交流电压，如图 9-56 所示。

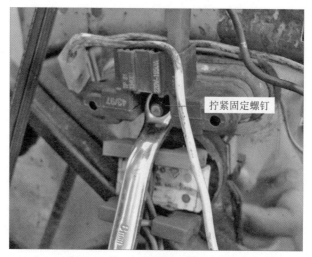

图 9-55　拧紧加热器固定螺钉

拧紧固定螺钉

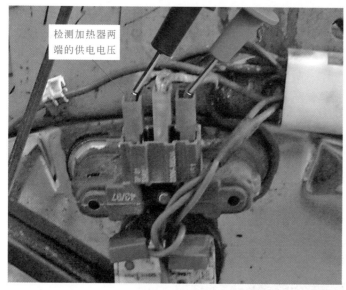

检测加热器两
端的供电电压

图 9-56　检测加热器的供电电压

⑤ 若检测时，没有 220V 的交流电压，则表明故障出现在加热器的外围控制器件上，此时应对加热器的外围控制器件进行检修。

⑥ 若检测时，可以检测到 220V 的交流电压，但不加热，则表明是由加热器本身损坏所引起的故障，此时应对加热器做进一步的检测。

💡 提示

① 由于滚筒式洗衣机的工作振动性较大，因此，会造成加热器的连接线松动，如图 9-57 所示，在保证断电的情况下，将加热器的连接线重新插接。

② 重新插接后，通电试机加热器仍不工作，此时将加热器的连接线依次拔下，如图 9-58 所示。

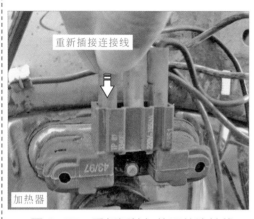

重新插接连接线

加热器

图 9-57　重新插接加热器的连接线

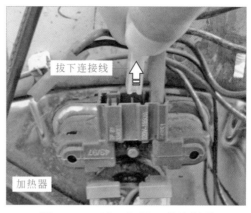

拔下连接线

加热器

图 9-58　拔下加热器的连接线

③ 拔下连接线后，将万用表的量程调整到 ×1Ω 挡，经检测加热器两端的阻值为 23Ω 左右，如图 9-59 所示。

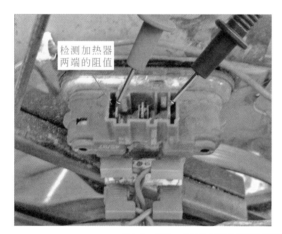

检测加热器两端的阻值

图 9-59　加热器两端阻值的检测

④ 若检测时，加热器两端的阻值为无穷大或零，均说明加热器已损坏。此时，对损坏的加热器进行更换，故障排除。

9.6　温度控制器的结构和检修

在滚筒式洗衣机中设置温度控制器，主要用来对洗衣机内加热器的工作温度进行控制，使洗涤液的温度达到设定的恒定值。

9.6.1　温度控制器的结构

图 9-60 所示为滚筒式洗衣机电气系统中的温度控制器及其温度控制按钮。该滚筒式洗衣机采用的是可调式温度控制器，属于液体膨胀式温度控制器，该温度控制器通过操作面板的温度控制按钮，来设定温度控制器的设定值。

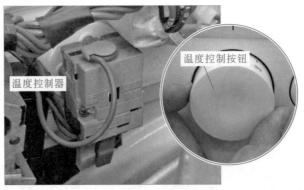

图 9-60　温度控制器及其温度控制按钮

　　该温度控制器的感温头固定在滚筒式洗衣机外桶的底部内侧和加热器相邻的位置，它与洗涤液直接接触来感受其洗涤温度，将感温信息通过毛细管传递给温度控制器，如图 9-61 所示。

图 9-61　温度控制器感温头的安装位置

　　温度控制器通过与程序控制器、加热器相连，对滚筒式洗衣机内的洗涤液进行加热控制，图 9-62 所示为温度控制器的外形。

洗衣机温度
控制器的结
构和控制
过程

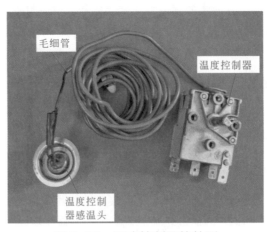

图 9-62　温度控制器的外形

图 9-63 所示为温度控制器的分解图，从图中可看出温度控制器主要由毛细管、波纹管、调温螺杆、触动杆、连接端子、外壳等组成。

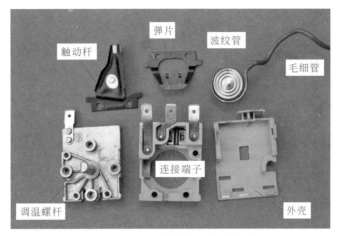

图 9-63　温度控制器的分解图

图 9-64 所示为温度控制器的内部结构，从图中可看出，当温度控制器停止工作时，静触点 1 与动触点紧密接触，通过调节调温螺杆产生的前后位移，来使波纹管产生位移后推动触动杆动作，控制加热器的工作温度。

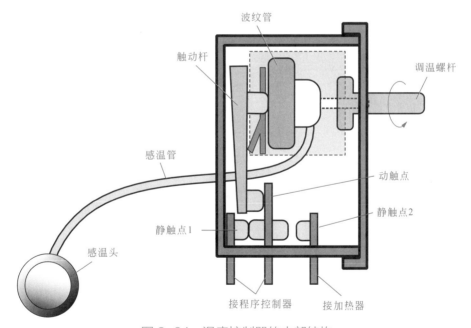

图 9-64　温度控制器的内部结构

当通过调节温度控制器的调节螺杆将洗涤温度调节到 60℃时，调节螺杆产生一定的位移，进而推动波纹管产生一定的位移后推动触动杆动作，触动杆触动动触点与程序控制器相连的静触点 1 断开，从而使动触点与加热器相连的静触点 2 接通。此时，加热器开始对洗涤液进行加热。图 9-65 所示为洗涤液尚未达到预定温度的工作原理示意图。

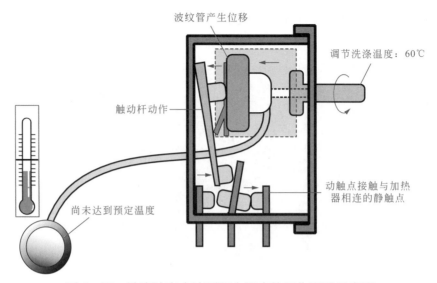

图 9-65　洗涤液尚未达到预定温度的工作原理示意图

当感温头感应到设定的洗涤液温度时，感温头内的液体受热膨胀后产生压力，压力通过毛细管传递到波纹管中，波纹管开始膨胀，促使触动杆动作，触动杆触动动触点与加热器相连的静触点 2 断开，从而使动触点与程序控制器相连的静触点 1 接通，此时，加热器停止对洗涤液的加热，如图 9-66 所示为洗涤液达到预定温度的工作原理示意图。

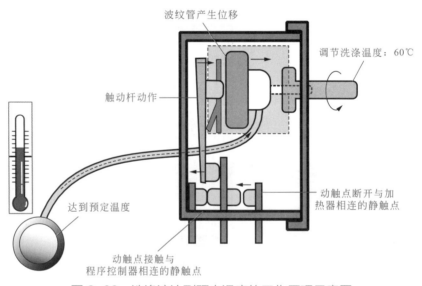

图 9-66　洗涤液达到预定温度的工作原理示意图

9.6.2　温度控制器的检修

温度控制器的损坏主要表现为温度控制按钮失灵、不加热、加热不止、温度控制电路不通等。在检修时，应根据故障现象，查找其故障点。

（1）初步检修温度控制器

① 当设定完洗涤温度后，加热器仍不对洗涤液进行加热，排除外围器件和电路损坏的因

素，首先检查温度控制按钮是否失灵，如图9-67所示。室温在20～30℃之间转动温度控制按钮，若温度控制器的指针在20～30℃之间时能听到"嗒"的一声，则说明温度控制器的触点动作正常；若温度控制器的指针在20～30℃之间时不能听到"嗒"的一声，则说明温度控制器的触点动作失灵。

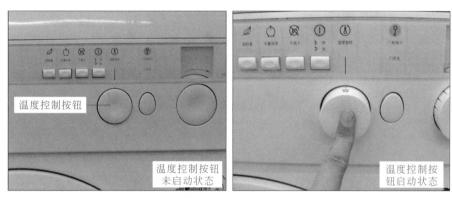

图9-67　检测温度控制按钮是否失灵

② 若温度控制器的触点动作失灵，也有可能是固定温度控制器的固定螺钉松动，使温度控制按钮与调节螺杆接触不良。如图9-68所示，拔下温度控制按钮，将固定温度控制器的固定螺钉拧紧。

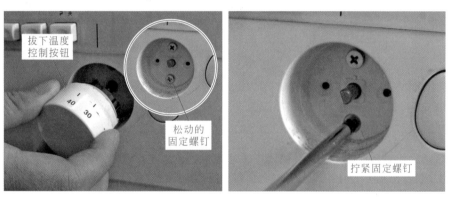

图9-68　拧紧温度控制器的固定螺钉

③ 由于滚筒式洗衣机的长时间工作，产生的振动会使温度控制器的连接线松动或脱落，对温度控制器进行检修时，应对其进行检查，将松动的连接线重新插接。在插接温度控制器的连接线时，应检查连接线的接线端是否断裂。

④ 若检测温度控制按钮和接线端的连接均正常，表明故障点在电路和温度控制器本身，需要对其进行进一步的检修。

（2）温度控制器的检修方法

对温度控制器进行检修时，应将温度控制器从滚筒式洗衣机拆卸下来后，检查其内部的连接是否正常。

① 将温度控制器从滚筒式洗衣机上拆卸下来后，将连接线依次拔下，如图9-69所示。

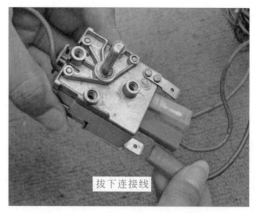

图 9-69　拔下温度控制器的连接线

②　温度控制器的感温头是通过密封橡胶垫进行密封的，使用一字螺丝刀将温度控制器感温头撬开，即可将其取下，如图 9-70 所示。

图 9-70　取下温度控制器感温头

③　取下感温头后，检测感温头表面是否有明显的损坏，与毛细管之间的连接处是否有断裂的现象，如图 9-71 所示。若出现断裂，更换感温头与波纹管组件即可排除故障。

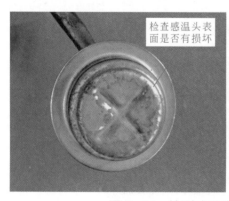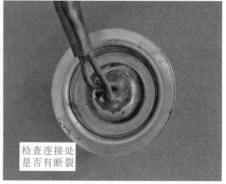

图 9-71　检测感温头与毛细管之间的连接

④　若检测正常，为了方便进一步的检修，应将整个温度控制器拆卸下来进行检修。如图 9-72 所示，向下按动固定温度控制器毛细管的固定卡子，即可将固定卡子取下。

图 9-72 取下毛细管的固定卡子

⑤ 将另一端固定毛细管线束的两个卡扣使用一字螺丝刀分别撬开，如图 9-73 所示。

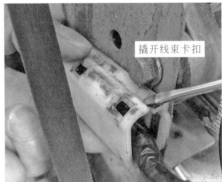

图 9-73 撬开线束卡扣

⑥ 将固定毛细管的固定装置取下后，即可将温度控制器取下。温度控制器的外壳是通过一个固定螺钉和 2 个卡扣进行固定的，使用合适的螺丝刀将温度控制器外壳的固定螺钉拧下，如图 9-74 所示。

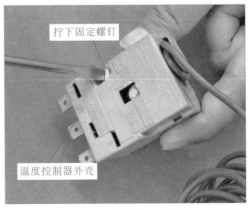

图 9-74 拧下温度控制器外壳的固定螺钉

⑦ 拧下外壳的固定螺钉后，将盘绕在外壳上的毛细管绕开，如图 9-75 所示。

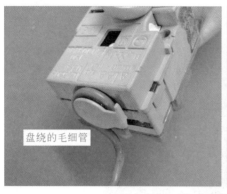 

图 9-75　绕开盘绕在外壳上的毛细管

⑧ 绕开毛细管后，使用一字螺丝刀将固定外壳侧端的固定卡扣撬开，如图 9-76 所示。

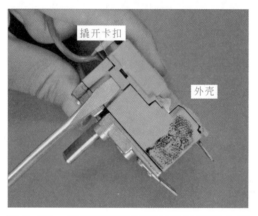

图 9-76　撬开温度控制器外壳的固定卡扣

⑨ 撬开外壳的固定卡扣后，即可将外壳取下。此时，就可以看到温度控制器内部的结构了，如图 9-77 所示。

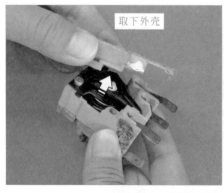 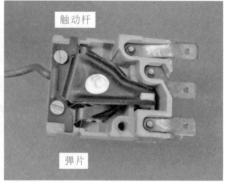

图 9-77　取下外壳

⑩ 向上撬动触动杆，观察触动杆是否可以使触点断开，此时，可以听到"嗒"的一声，如图 9-78 所示。

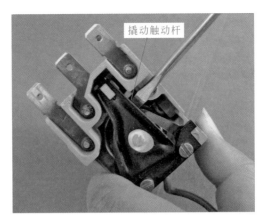

图 9-78　观察触点是否闭合

⑪ 经检测，撬动触动杆，触点断开正常，此时应对其内部元件进行进一步检测。

⑫ 将固定温度控制器外壳上的触动杆和弹片的两个固定螺钉分别拧下，如图 9-79 所示。

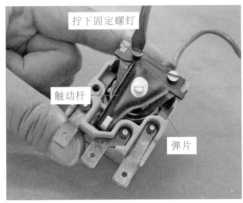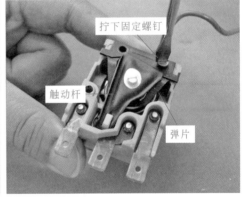

图 9-79　拧下触动杆和弹片的固定螺钉

⑬ 拧下触动杆和弹片的固定螺钉后，即可将触动杆和弹片取下，如图 9-80 所示。

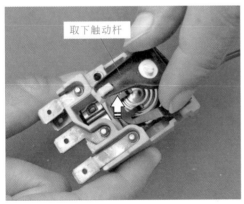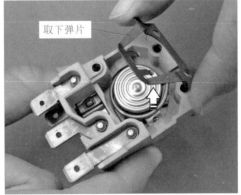

图 9-80　取下触动杆和弹片

⑭ 取下弹片后，即可将波纹管向上取出，如图 9-81 所示。

图 9-81　取出波纹管

⑮ 取出波纹管后，就可将温度控制器的外壳分离，如图 9-82 所示。

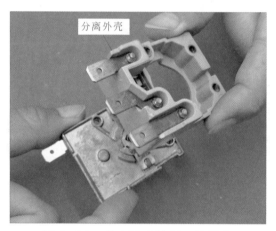

图 9-82　分离温度控制器的外壳

⑯ 旋转调温螺杆，观察带有调温螺杆的外壳内部的弹片在旋转调温螺杆的过程中，是否随着调温螺杆的转动而有上下突起的动作，如图 9-83 所示。

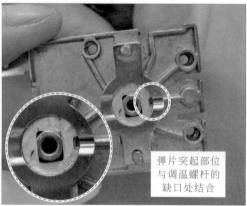

图 9-83　检测带有调温螺杆的外壳内部的弹片

⑰ 若旋转调温螺杆时，弹片没有上下突起，则说明带有调温螺杆的外壳内部的弹片损坏。此时，更换弹片即可排除故障。

⑱ 检测取出的波纹管与毛细管的接触是否良好，如图 9-84 所示。若连接处出现断裂，将其重新焊接，即可排除故障。

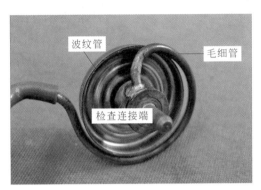

图 9-84　检测波纹管与毛细管的接触

⑲ 检修完成后，将各元件安装到温度控制器的外壳内。

9.7　门开关的结构和检修

门开关是一种安全装置，即当洗衣机在工作过程中，洗衣机在电动机的驱动下，在高速旋转的条件下，如果打开洗衣机上盖，去做一些操作，有可能会使操作者受到机械的伤害。为此，在开门后将供电电源断开，避免伤害事故发生。

9.7.1　门开关的结构

不同结构的洗衣机所使用的门开关各有不同，波轮式洗衣机常用的为安全开关，而滚筒式洗衣机常用的是电动门锁。

（1）安全开关

安全开关是波轮式洗衣机最常使用的，通常安装在洗衣机围框的后面，受控于洗衣机的上盖，因此也被叫作盖开关，如图 9-85 所示。

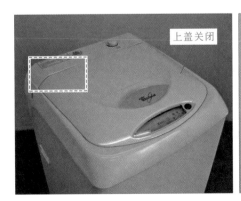
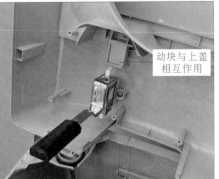

图 9-85

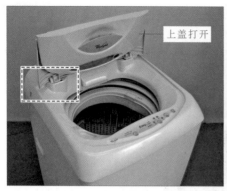

图 9-85　安全开关

　　图 9-86 为安全开关的工作原理，当洗衣机的上盖被关闭时，安全开关的动块会被向上提起，使得滑块与下触点之间相互作用，进而将上下 2 个触点闭合；而在脱水或是洗涤过程中打开上盖，动块会向下降，使得滑块与下触点之间的作用力消失，进而促使上下 2 个触点断开，使高速运转的脱水桶（盛水桶）停止运转。

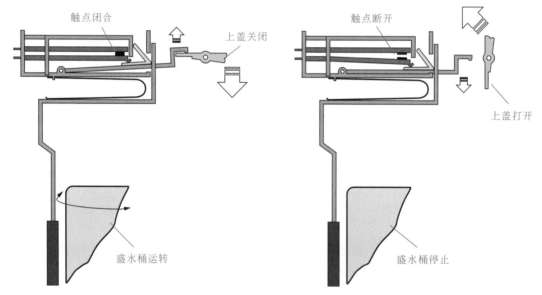

图 9-86　安全开关的工作原理

　　在脱水工作的时候，若脱水桶（盛水桶）桶体内的衣物放置不均匀，将导致桶体强烈振动，强烈振动的桶体会撞击安全开关的杠杆，杠杆倾斜会使弹簧片弯曲、滑块下降，从而与下触点之间的作用力消失，上下 2 个触点就会断开，从而实现切断电动机电源使脱水桶（盛水桶）停止运转的目的；当人工打开洗衣机上盖，将桶内的衣物放置均匀，再次盖好上盖后，安全开关的触点会重新闭合，使洗衣机可以继续完成脱水工作，如图 9-87 所示。

　　（2）电动门锁

　　电动门锁是滚筒式洗衣机中的一种门开关，通过操作显示面板上的门开关按钮，控制电动门锁，进而控制滚筒式洗衣机门的打开与闭合，如图 9-88 所示。

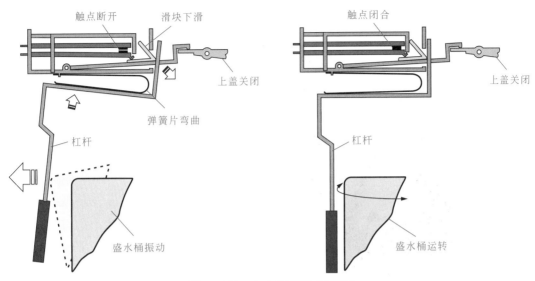

图 9-87　安全开关防振原理

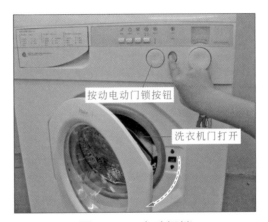

图 9-88　电动门锁

　　电动门锁的主要作用是用于控制滚筒式洗衣机门的打开与闭合和通电状态的安全保护，它直接串联在电源电路中。当洗衣机处于洗涤状态时，按动门开关按钮，洗衣机门无动作，如图 9-89 所示为电动门锁的基本结构。

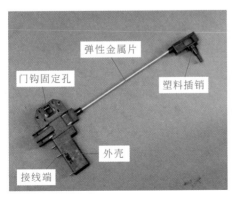
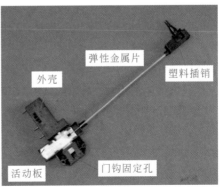

图 9-89　电动门锁的基本结构

图 9-90 所示为电动门锁实物接线及内部电路连接。

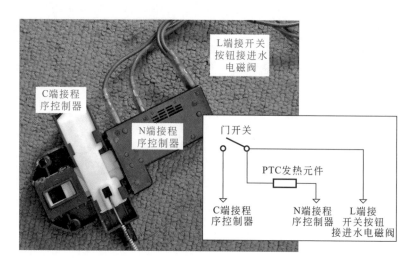

图 9-90 电动门锁实物接线及内部电路连接

图 9-91 所示为滚筒式洗衣机电动门锁的内部结构。从图中可看出电动门锁的内部主要由 PTC 发热元件、双金属片、动触点、静触点、触点开关、塑料插销等组成。

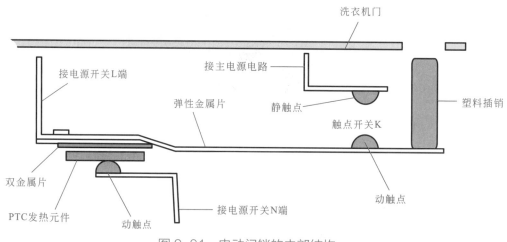

图 9-91 电动门锁的内部结构

将滚筒式洗衣机的门关好，门钩触动电动门锁的触点开关，使电动门锁的活动板移动一定的距离。当滚筒式洗衣机接通电源，启动洗衣机后，电动门锁开关中的正温度系数热敏电阻（PTC）通电启动，正温度系数热敏电阻（PTC）会在电流加大的情况下，温度迅速升高，使双金属片受热发生变形，顶起弹性金属片，同时触点开关闭合，塑料插销也向上移动，插入洗衣机固定板上，将洗衣机门锁住。图 9-92 所示为电动门锁锁定状态的工作原理。

当滚筒式洗衣机断开电源后，正温度系数热敏电阻（PTC）断电，温度下降，双金属片、弹性金属片复位，触点开关断开，塑料插销回落到原位，门锁打开。图 9-93 所示为电动门锁开关打开状态的工作原理。

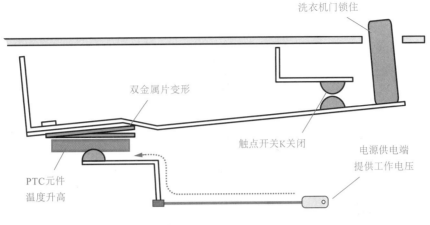

图 9-92　电动门锁锁定状态的工作原理

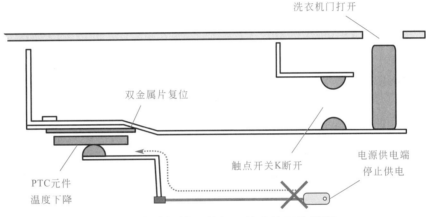

图 9-93　电动门锁开关打开状态的工作原理

9.7.2　安全开关的检修

① 如图 **9-94** 所示，当安全开关的动块与上盖之间相互作用的时候，使用万用表检测安全开关引脚之间的阻抗应为 $0\,\Omega$。

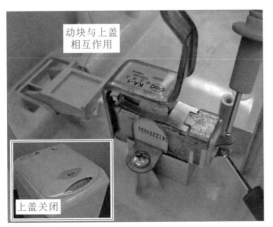

洗衣机门开关
的检测方法

图 9-94　关闭上盖时安全开关的检测

② 如图 9-95 所示，将上盖打开，使动块与上盖之间的作用撤销，此时，使用万用表检测安全开关引脚之间的阻抗应为∞。

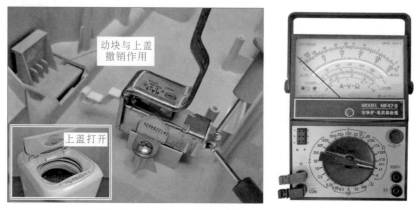

图 9-95　打开上盖时安全开关的检测

③ 如图 9-96 所示，盛水桶运转平稳时使用万用表检测安全开关引脚之间的阻抗应为 0Ω。

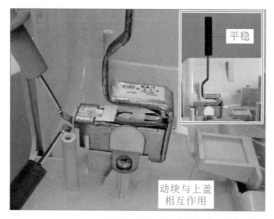

图 9-96　运转平稳时安全开关的检测

④ 如图 9-97 所示，盛水桶中的衣物放置不当，出现振动现象时，盛水桶会使安全开关的杠杆倾斜，此时使用万用表检测安全开关引脚之间的阻抗应为∞。

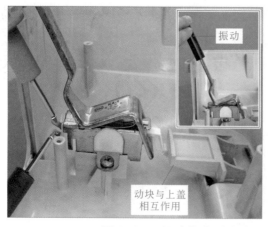

图 9-97　振动状态时安全开关的检测

⑤ 如果检测发现安全开关在任意一种状态下的检测不正常，则应对其进行更换。

9.7.3 电动门锁的检修

电动门锁出现故障时，主要表现为滚筒式洗衣机的门打不开，关上门后，启动滚筒式洗衣机后，门灯不亮等。

① 按动门开关按钮时，门开关按钮不能按下，则说明电动门锁的金属性弹片动作不灵活，此时，轻轻拍打洗衣机门钩位置后，再次按动门开关，将门打开后，取出门开关，更换新金属性弹片。如图9-98所示，将金属性弹片分别从塑料插销和活动板上取下，更换上新的即可排除故障。

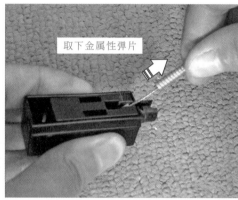

图9-98　取下金属性弹片

② 若按动门开关按钮时，按钮能够按下，但洗衣机门不能打开，造成此故障的原因可能是金属性弹片与塑料插销脱离所致。此时，应将电动门锁的金属性弹片与塑料插销和活动板重新连接好，即可排除故障，如图9-99所示。

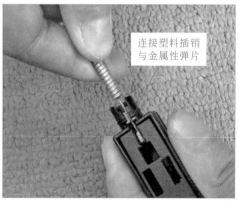

图9-99　连接脱落的金属性弹片

③ 当关上滚筒式洗衣机门，按动电源开关后，电动门锁灯不亮，此时，应检测门钩与电动门锁的接触是否良好，如图9-100所示，关上洗衣机门，按下电源开关后，拉动洗衣机的门，此时，若能听到电动门锁发出的声响，说明门钩与电动门锁接触不良，可将电动门锁的固定螺钉拧松后，向左侧移动一定的距离后，再将其固定，即可排除故障。

图 9-100　移动电动门锁

④ 若不能听到电动门锁发出的声响，则说明与电动门锁的插接线松动或电动门锁损坏，如图 9-101 所示，将电动门锁拆卸下来重新插接连接线。

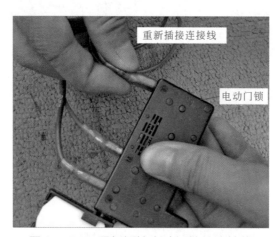

图 9-101　重新插接电动门锁的连接线

⑤ 重新插接电动门锁的连接线后，电动门锁的灯仍然不亮，则说明是由电动门锁损坏所造成的故障，将损坏的电动门锁进行更换，即可排除故障。

9.8　传感器的结构和检修

在新型洗衣机上设置的传感器主要有水温传感器、水位传感器、衣量传感器、衣质传感器、光传感器等，将检测出的信息发送给程序控制器，来对洗衣机实行自动控制，进而将洗涤时间、洗涤方式、脱水时间等设定为最佳。

水温传感器用来检测滚筒式洗衣机的洗涤液温度，将检测出的温度信号传送给程序控制器，来控制加热器的工作状态。

水位传感器用来检测洗衣机的水位和水量，将检测到的水位信号传送给程序控制器，来控制洗衣机是否开始洗涤。

衣量传感器用来检测洗衣机洗涤时衣物的多少，将检测出衣量多少的信号传送给程序控制器，由程序控制器根据衣量的多少来设定水位。

衣质传感器用来感应洗涤衣物的质地，它与衣量传感器为同一个元件，通过检测出的衣量脉冲数减去衣质脉冲数来判断洗涤衣物的质地。

光传感器用来检测洗涤衣物的洗净程度，通过检测出洗涤液的清浊程度来检测洗涤衣物的洗净程度。

9.8.1　传感器的结构

水温传感器通过控制滚筒式洗衣机内洗涤液温度的高低来控制电路的通断，起到超温保护的作用。

如图 9-102 所示，以滚筒式洗衣机上的水温传感器为例，滚筒式洗衣机的水温传感器位于洗衣机外桶的底部内侧、加热器的上方，在图中可以看到水温传感器的接线端子位于滚筒式洗衣机外桶的外侧。

洗衣机水温
传感器的结
构与检测
方法

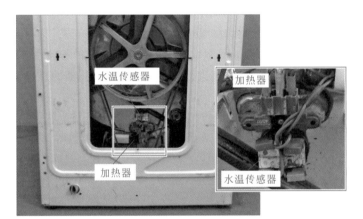

图 9-102　水温传感器的安装位置

水温传感器的感温头与洗涤液直接接触，可直接感受洗涤液的温度，通过密封橡胶圈与滚筒式洗衣机的外桶进行密封，防止在洗涤过程中漏水，如图 9-103 所示，水温传感器的 4 个接线端分别用于连接程序控制器。

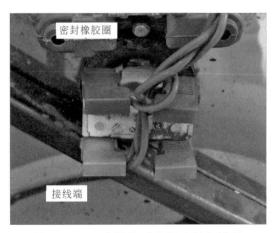

图 9-103　水温传感器的安装与连接

图 9-104 为水温传感器的实物外形及其内部结构。

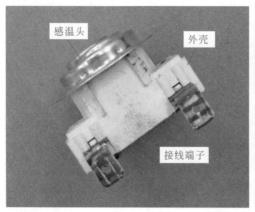

图 9-104　水温传感器的实物外形及其内部结构

　　滚筒式洗衣机上的水温传感器采用的是金属膨胀式水温传感器，其内部结构主要由双金属片、触点、顶杆、接线端子、感温头等组成，双金属片是由 2 种不同的金属片冲压而成的。

　　当加热器对滚筒式洗衣机内的洗涤液进行加热时，水温传感器的感温头开始感应洗涤液的温度。当检测到的洗涤液温度达到水温传感器的触发温度 40℃时，凹双金属片受热发生变形，由原来的凹形变为凸形，使 40℃的触点接通。此时，滚筒式洗衣机开始洗涤操作。

　　当水温传感器检测到洗涤液的温度达到水温传感器的触发温度 60℃时，凸双金属片受热发生变形，由原来的凸形变为凹形，顶杆触动 60℃的触点断开。此时，滚筒式洗衣机的加热器停止加热。

9.8.2　传感器的检修

　　水温传感器损坏主要表现为洗衣机不加热或加热温度过高或过低。在检修时，应根据故障现象，判断其故障所在。在此排除加热器、温度控制器及其他外围器件及电路故障，只对具有 40℃常开触点、60℃常闭触点的水温传感器进行检测。

　　① 将水温传感器从滚筒上取下，拔下连接线，如图 9-105 所示。

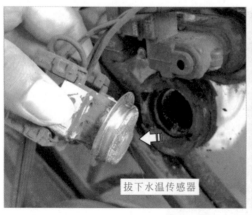

图 9-105　取下水温传感器

② 使用一字螺丝刀撬开水温传感器的外壳，检测其内部的触点弹片是否老化，如图 9-106 所示。

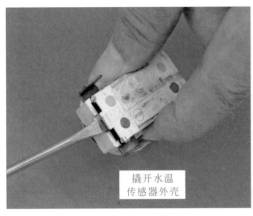

图 9-106　检测内部触点弹片是否老化

③ 若水温传感器内部触点弹片良好，则应使用万用表的电阻挡检测其触点的通断情况。将万用表的两支表笔分别接在水温传感器的 40℃常开触点的 2 个接线端，测量结果为无穷大，即触点断开，此时，说明水温传感器的 40℃常开触点正常，如图 9-107 所示。

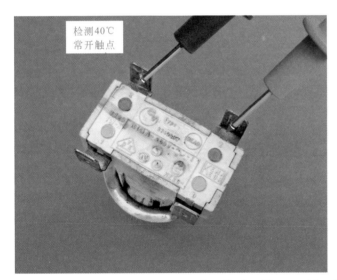

图 9-107　水温传感器的 40℃常开触点的检测

④ 再将万用表的两支表笔分别接在水温传感器的 60℃常闭触点的 2 个接线端，测量结果为零，即触点接通，此时，说明水温传感器的 60℃常闭触点正常，如图 9-108 所示。

⑤ 经检测水温传感器的 40℃常开触点、60℃常闭触点均正常，此时可能是由于双金属片出现老化，所以动作温度有所偏差。可将水温传感器放入 30℃水中，1min 后将其立即取出，使用万用表的电阻挡检测 40℃常开触点，若为断开状态，则表明水温传感器正常。

⑥ 将水温传感器放入 50℃水中，1min 后将其立即取出，使用万用表的电阻挡检测 40℃常开触点，若为接通状态，则表明水温传感器正常。

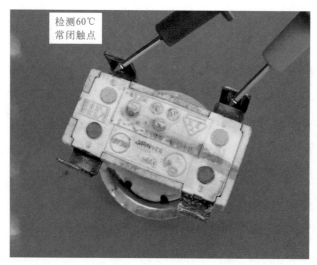

图 9-108　水温传感器的 60℃常闭触点的检测

⑦ 同样方法，将水温传感器再次放入 55℃水中，1min 后将其立即取出，使用万用表的电阻挡检测 60℃常闭触点，若为接通状态，则表明水温传感器正常。

⑧ 再将水温传感器放入 60℃水中，1min 后将其立即取出，使用万用表的电阻挡检测 60℃常闭触点，若为断开状态，则表明水温传感器正常。

若检测中任意检测不正常，此时应对水温传感器进行更换。

第 10 章

波轮式洗衣机常见故障维修案例

10.1 波轮式洗衣机给水系统的故障检修

10.1.1 进水电磁阀引起"不给水"的故障检修

故障现象：接通电源，按下"启动"钮，洗衣机不给水，但人为加水后，洗衣机能够正常工作。

检修方法：

① 洗衣机不能自动加水，但人为加水后，能够正常工作，说明洗衣机其他装置和程序控制器均正常，怀疑是进水电磁阀故障。

② 拆卸洗衣机，找到进水电磁阀，如图 10-1 所示。

图 10-1 找到进水电磁阀

③ 在断电情况下或是将进水电磁阀取下来，对其引脚阻值进行检测，如图 10-2 所示。

④ 经检测发现进水电磁阀的阻值趋向无穷大，表明电磁线圈已经烧毁或断路，说明该进水电磁阀损坏。

⑤ 选择与损坏的进水电磁阀参数相同的进水电磁阀进行更换，再次试机，故障排除。

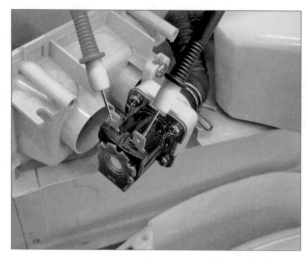

图 10-2　进水电磁阀阻值的检测

10.1.2　程序控制器引起"不给水"的故障检修

故障现象：接通电源，按下"启动"钮，洗衣机不给水。

检修方法：

① 洗衣机不能给水，可能是进水电磁阀或程序控制器的故障。经过检查发现进水电磁阀正常，怀疑是程序控制器故障。

② 拆卸洗衣机，找到程序控制器，如图 10-3 所示。

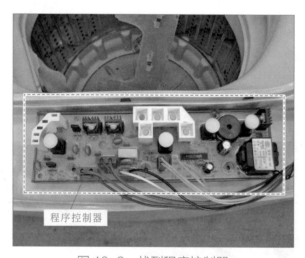

图 10-3　找到程序控制器

③ 将程序控制器控制水位开关的输出端和安全开关输出端，分别采用曲别针进行短接，如图 10-4 所示。将水位开关的控制影响排除后，即可对进水电磁阀的输出端进行检测。

④ 在通电情况下，检测程序控制器中的进水电磁阀输出端，观察万用表是否有 AC 180V 以上的供电，如图 10-5 所示。

⑤ 经检测发现进水电磁阀供电端输出的电压低于 AC 180V，说明故障出现在程序控制器对进水电磁阀的控制上。

图 10-4　短接输出端

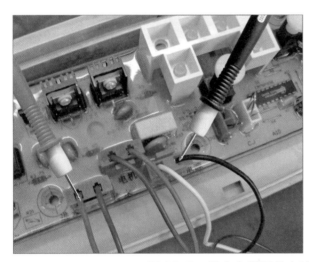

图 10-5　进水电磁阀供电的检测

⑥ 观察程序控制器，发现该程序控制器为电脑式程序控制器，并且采用了浇筑橡胶的防水措施，因此需要对其进行整体更换，更换后，再次试机，故障排除。

10.1.3　进水电磁阀引起"进水不止"的故障检修

故障现象：接上进水管，打开水龙头，尚未按下"启动"钮，即出现给水现象，并且进水不止，断开水源后，洗衣机可以正常工作。

检修方法：

① 洗衣机尚未做任何操作，即出现给水不止现象，而人为停止给水后，洗衣机可以正常工作，说明洗衣机其他装置均正常，怀疑是进水电磁阀故障。

② 拆卸洗衣机，找到进水电磁阀。

③ 在断电情况下，或是将进水电磁阀取下来，对其引脚阻值进行检测，如图 10-6 所示。

④ 经检测发现进水电磁阀阻值趋于零，表明电磁线圈短路，说明该进水电磁阀损坏。

⑤ 选择与损坏的进水电磁阀参数相同的进水电磁阀进行更换，再次试机，故障排除。

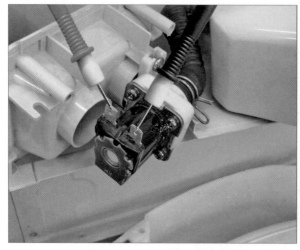

图 10-6　进水电磁阀阻值的检测

10.1.4　水位开关引起"不停给水"的故障检修

故障现象：按下"启动"钮，洗衣机进行给水工作，水位达到高位置后仍不止，不能进入洗涤程序。

检修方法：

① 洗衣机给水不止，但人为停止给水后，能够正常工作，说明洗衣机其他装置和程序控制器均正常，怀疑是水位开关故障。

② 拆卸洗衣机，找到水位开关，如图 10-7 所示。

水位开关

图 10-7　找到水位开关

③ 在断电情况下或是将水位开关取下来，对公共端和常开端间的阻值进行检测，如图 10-8 所示。

④ 经过检测发现水位开关常开端的阻值为 0 Ω，说明水位开关内部零部件出现故障。

⑤ 拆分水位开关，取出塑料盘和橡胶膜，经检查发现橡胶膜老化、破损，如图 10-9 所示，说明该水位开关已经损坏。

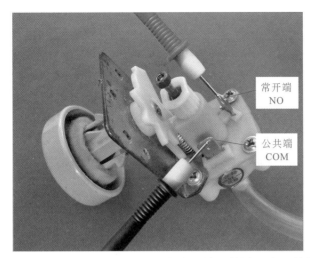

图 10-8　水位开关公共端和常开端间阻值的检测

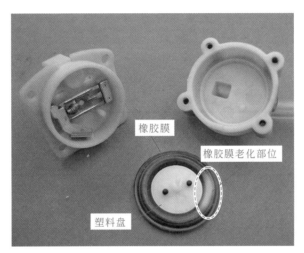

图 10-9　检测塑料盘和橡胶膜是否损坏

⑥ 选择与损坏的水位开关参数相同的水位开关进行更换，再次试机，故障排除。

10.1.5　导气管引起"进水不停"的故障检修

故障现象：接通洗衣机电源后，按下"启动"钮，洗衣机给水，但达到高水位后给水不止。

检修方法：

① 洗衣机给水不止，但人为停止给水后，能够正常工作，说明洗衣机其他装置和程序控制器均正常，怀疑是水位开关故障。

② 拆卸洗衣机，找到水位开关，经检查未发现水位开关异常，由于水位开关通过导气管与气室相连，从而对水位开关进行控制，因此需要对导气管进行检测。

③ 拆卸洗衣机，找到连接水位开关与气室的导气管，如图 10-10 所示。

④ 在断电的情况下，检测导气管有无脱开或漏气现象，如图 10-11 所示。

⑤ 经检测发现导气管与气室相连的地方有漏气现象，导致盛水桶内的压力不能通过气室准确地控制水位开关，故洗衣机给水不止。

⑥重新更换导气管，并通过胶水和封口夹将其封闭好，再次试机，故障排除。

图 10-10　找到导气管

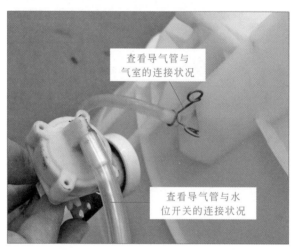

图 10-11　检查导气管的状况

10.1.6　排水阀引起"进排水失控"的故障检修

故障现象：洗衣机能正常给水，达到高水位后仍给水不止，排水管一直出水。

检修方法：

①洗衣机能正常给水，同时排水管出水，说明是排水阀出现故障。

②拆卸洗衣机，找到排水阀，如图 10-12 所示。

③将程序控制器分别设置在"待机"与"排水"两个状态，观察排水阀外部状态的变化情况，如图 10-13 所示。

④经检测发现在"待机"与"排水"两个状态下，排水阀的外部情况没有变化，说明故障出现在排水阀上，排水阀内部管道堵塞，使得排水阀一直处于排水工作状态，因此给水水位总是达不到预先设定好的水位，出现了给水不止的现象。

⑤选择与损坏的排水阀参数相同的排水阀进行更换，再次试机，故障排除。

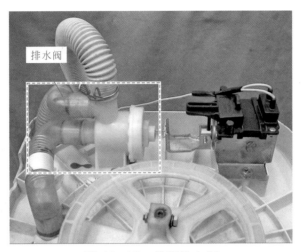

图 10-12　找到排水阀

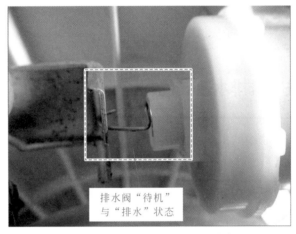

图 10-13　观察排水阀的状态

10.1.7　程序控制器引起"进水不止"的故障检修

故障现象：接上进水管，打开水龙头，按下"启动"钮，洗衣机正常给水，但到达预定水位后不能停止。

检修方法：

① 洗衣机给水不止，进水电磁阀、水位开关、导气管、排水阀以及程序控制器都有可能引起这一故障现象。当切断电源后，发现给水停止，说明进水电磁阀正常。检测水位开关、导气管和排水阀也均正常，怀疑是程序控制器故障。

② 拆卸洗衣机，找到程序控制器。

③ 对程序控制器上的水位开关和安全开关输出端进行短接，以便对程序控制器进水电磁阀控制电路进行检测。

④ 启动洗衣机，在尚未进行任何操作的状态下，检测进水电磁阀供电输出端，如图 10-14 所示。

⑤ 经检测发现进水电磁阀供电端输出的电压为 AC 220V，说明故障出现在程序控制器对进水电磁阀的控制上，使得进水电磁阀一直处于工作状态，因此出现了给水不止的现象。

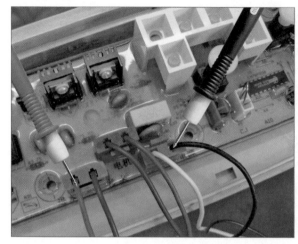

图 10-14 程序控制器供电的检测

⑥ 观察程序控制器，发现该程序控制器为电脑式程序控制器，并且采用了浇筑橡胶的防水措施，因此需要对其进行整体更换，更换后，再次试机，故障排除。

10.2 波轮式洗衣机排水系统的故障检修

波轮式洗衣机洗涤程序完成后，会进入排水程序，经过排水装置将洗衣桶内的水排出，或是在脱水过程中，将衣物中的水排出。如果洗衣机的排水系统出现故障，那么排水功能也就不能够实现了。

10.2.1 电磁铁牵引器引起"不排水"的故障检修

故障现象：开机后洗衣机的给水、洗涤均正常，但不排水。

检修方法：

① 洗衣机给水、洗涤均能工作，说明给水、洗涤系统及控制系统均是正常的。但洗衣机不能实现排水工作，则怀疑是排水阀故障。

② 拆卸洗衣机，找到排水阀，如图 10-15 所示。通过观察，该排水阀所使用的牵引器为电磁铁牵引器，并且为直流电磁铁。

③ 在通电状态下，将洗衣机处于排水工作状态，发现没有牵引排水阀，说明故障是由电磁铁牵引器引起的。

④ 在此情况下（通电、排水工作状态），使用万用表直流电压挡，检测直流电磁铁牵引器的供电电压，如图 10-16 所示。

⑤ 经检测，此时的电磁铁牵引器的电压值为 DC 220V，表明该电磁铁牵引器的供电电压正常，怀疑是该电磁铁牵引器本身出现了故障。

⑥ 在断电情况下，拆卸该电磁铁牵引器，检测未按下微动开关压钮时，电磁铁牵引器的阻值，如图 10-17 所示。

⑦ 经检测在没有按下微动开关压钮时，所测得的阻值为 250Ω，表明转换触点接触不良，电磁铁牵引器出现故障，使得排水系统不能进行排水工作。

⑧ 选择与损坏的电磁铁牵引器参数相同的电磁铁牵引器进行更换，再次试机，故障排除。

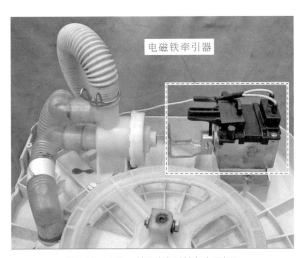

图 10-15　找到电磁铁牵引器

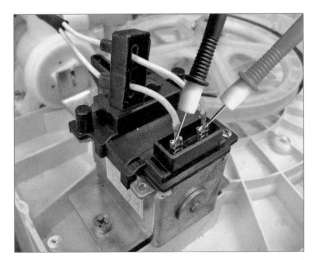

图 10-16　电磁铁牵引器供电电压的检测

图 10-17　电磁铁牵引器阻值的检测

10.2.2 电动牵引器引起"无法脱水"的故障检修

故障现象：开机后洗衣机的给水、洗涤均正常，但是无法实现脱水工作，也不能实现排水。

检修方法：

① 洗衣机给水、洗涤均正常，说明给水、洗涤系统及控制系统均是正常的。但洗衣机不能进行脱水、排水操作，说明排水系统出现故障，同时不能实现对离合器的控制。

② 拆卸洗衣机，找到排水阀，如图10-18所示。通过观察，该排水阀所使用的牵引器为电动牵引器。

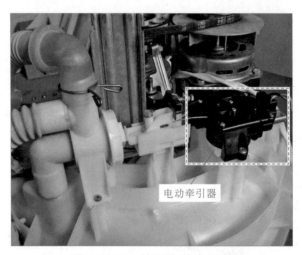

图 10-18　找到电动牵引器

③ 在洗衣机处于通电状态下，使用万用表交流电压挡，检测电动牵引器供电电压，如图10-19所示。

图 10-19　检测电动牵引器供电电压

④ 经检测发现电动牵引器的电压值为 AC 180V，表明该电动牵引器的供电电压正常，怀疑是该电动牵引器本身出现了故障。

⑤ 在断电情况下，拆卸该电动牵引器，使行程开关处于关闭状态，检测电动牵引器阻值，

如图 10-20 所示。

图 10-20　检测电动牵引器阻值

⑥ 经检测发现电动牵引器阻值为 0 Ω，表明该电动牵引器中的电磁铁或电动机出现故障。

⑦ 选择与损坏的电动牵引器参数相同的电动牵引器进行更换，再次试机，故障排除。

10.2.3　程序控制器引起"排水失控"的故障检修

故障现象：设置洗衣机排水或脱水操作，按下"启动"钮后，时而工作，时而不工作。

检修方法：

① 洗衣机开机后能够正常工作，说明给水、洗涤系统均是正常的，排水和脱水操作不定时地出现失常，怀疑是程序控制器故障。

② 拆卸洗衣机，找到程序控制器。对程序控制器上的水位开关和安全开关输出端进行短接，以便对程序控制器排水电磁阀控制电路进行检测。

③ 接通电源，启动洗衣机的"排水"状态，对程序控制器排水电磁阀接口端进行检测，如图 10-21 所示。

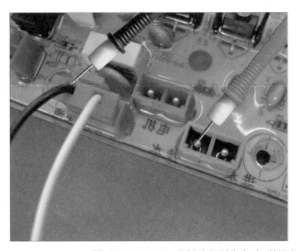

图 10-21　程序控制器排水电磁阀接口端的检测

④ 经检测发现排水电磁阀接口端输出的电压为 AC 180V，说明故障出现在程序控制器对排水电磁阀的控制上。使得排水电磁阀一直处于待机状态，因此出现了不排水的现象。

⑤ 观察程序控制器，发现该程序控制器为电脑式程序控制器，并且采用了浇筑橡胶的防水措施，因此需要对其进行整体更换，更换后，再次试机，故障排除。

10.2.4 排水阀引起"不排水"的故障检修

故障现象：洗衣机不排水，脱水时也不排水。

检修方法：

① 洗衣机排水和脱水过程中，没有水排出，说明其他系统均正常，怀疑是排水阀故障。

② 拆卸洗衣机，找到排水阀，如图 10-22 所示。

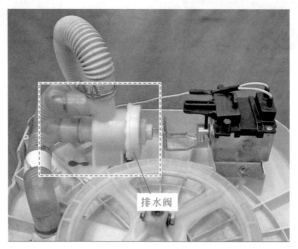

图 10-22 找到排水阀

③ 将程序控制器设置在"排水"状态，发现牵引器有动作，但是无水排出，观察排水阀，发现阀内的橡胶阀无动作，如图 10-23 所示。

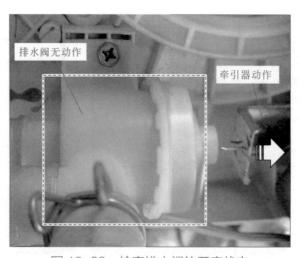

图 10-23 检查排水阀的开启状态

④ 经检测发现排水阀外观没有改变，说明故障出现在排水阀内，可能是橡胶阀老化、内 / 外弹簧断裂等。

⑤ 选择与损坏的排水阀参数相同的排水阀进行更换，再次试机，故障排除。

10.2.5 程序控制器引起"排水不止"的故障检修

故障现象：洗衣机给水过程中，排水系统也一直出水。

检修方法：

① 洗衣机开机给水的同时，一直有水排出，通过操作控制钮，仍不能停止排水现象，怀疑是程序控制器故障。

② 拆卸洗衣机，找到程序控制器。对程序控制器上的水位开关和安全开关输出端进行短接，以便对程序控制器排水电磁阀控制电路进行检测。

③ 接通电源，保持洗衣机的待机状态，对程序控制器排水电磁阀接口端进行检测，如图 10-24 所示。

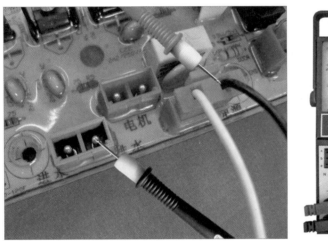

图 10-24　程序控制器排水电磁阀接口端的检测

④ 经检测发现排水电磁阀接口端输出的电压为 AC 220V，说明故障出现在程序控制器对排水电磁阀的控制上，使得排水电磁阀一直处于工作状态，因此出现了排水不止的现象。

⑤ 观察程序控制器，发现该程序控制器为电脑式程序控制器，并且采用了浇筑橡胶的防水措施，因此需要对其进行整体更换，更换后，再次试机，故障排除。

10.2.6 排水阀引起"排水不止"的故障检修

故障现象：洗衣机牵引器有动作，但仍排水不止。

检修方法：

① 洗衣机出现排水不止现象，操作控制按钮，排水阀牵引器有动作，但无法停止排水，说明洗衣机控制系统等都正常，怀疑是排水阀故障。

② 拆卸洗衣机，找到排水阀。

③ 观察排水阀，发现牵引器没有动作的情况下，排水阀仍处于排水状态，如图 10-25 所示。

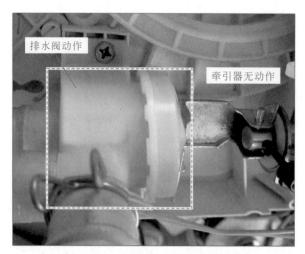

图 10-25　检查排水阀的关闭状态

④ 排水阀一直处于排水状态，说明故障出现在排水阀内。

⑤ 选择与损坏的排水阀参数相同的排水阀进行更换，再次试机，故障排除。

10.2.7　电动牵引器引起"排水不止"的故障检修

故障现象：洗衣机排水不止，操作控制牵引器，无动作。

检修方法：

① 洗衣机牵引器无法对排水阀进行控制，会造成排水不止。通电状态下，操作排水按钮，发现洗衣机排水阀牵引器不动作，怀疑是牵引器故障。

② 拆卸洗衣机，找到牵引器，经观察使用的是电动牵引器。

③ 使用万用表交流电压挡，检测电动牵引器供电电压。

④ 在待机状态下，经检测发现电动牵引器的电压值为 AC 180V，表明该电动牵引器的供电电压正常，怀疑是电动牵引器本身出现故障。

⑤ 将电动牵引器拆开，经过观察，发现内部电磁铁的弹簧脱落，如图 10-26 所示。

图 10-26　观察弹簧的状态

⑥ 如弹簧损坏不严重，只需要将其重新安装回电磁铁即可。如果弹簧损坏严重，选择与损坏的弹簧弹性系数相同的弹簧进行更换，再次试机，故障排除。

10.3　波轮式洗衣机机械传动系统的故障检修

波轮式洗衣机的机械传动系统出现故障，主要表现为电动机不转和不脱水的故障现象。

10.3.1　洗衣机电动机不转的故障检修

（1）电动机引起的故障

故障现象：洗衣机不论是处于洗涤状态，还是脱水状态，均不工作，并伴有"嗡嗡"声。

检修方法：

① 洗衣机不能工作，但是电动机附近可以听到"嗡嗡"的声音，说明给电动机供电的电路（程序控制器）正常，怀疑是电动机和启动电容的故障。

② 拆卸洗衣机，找到电动机，如图 10-27 所示。

图 10-27　找到电动机

③ 在断电情况下，找到电动机引线可测端，对其引脚阻值进行检测，如图 10-28 所示。

图 10-28　电动机阻值的检测

④ 经检测发现电动机其中一个绕组的阻值为 0Ω，表明电动机的线圈短路，说明该电动机损坏。

⑤ 选择与损坏的电动机参数相同的电动机进行更换，再次试机，故障排除。

（2）启动电容引起的故障

故障现象：洗衣机工作状态，电动机不旋转。

检修方法：

① 洗衣机不能工作，但是电动机附近可以听到"嗡嗡"的声音，说明给电动机供电的电路（程序控制器）正常，怀疑是电动机和启动电容的故障。

② 拆卸洗衣机，找到电动机。

③ 在断电情况下，对电动机的绕组进行检测，发现电动机本身没有故障，因此确定故障点为启动电容。

④ 沿着电动机数据线，找到启动电容，如图 10-29 所示。

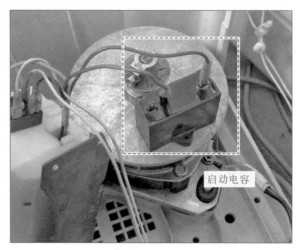

图 10-29　找到启动电容

⑤ 将启动电容处于开路状态，对其进行检测，如图 10-30 所示。

图 10-30　启动电容的检测

⑥ 经检测发现启动电容没有明显的充放电过程，说明该启动电容损坏。

⑦ 选择与损坏的启动电容参数相同的启动电容进行更换，再次试机，故障排除。

（3）程序控制器引起的故障

故障现象：洗衣机设置完成后，按下"启动"钮，有时可以启动工作，有时不能启动工作。

检修方法：

① 洗衣机工作不确定，说明故障出现在给电动机供电的电路（程序控制器）上，怀疑是电动机供电电路失灵。

② 拆卸洗衣机，找到程序控制器。

③ 将程序控制器控制水位开关的输出端和安全开关输出端，分别采用曲别针进行短接。

④ 程序控制器中的电动机供电端在通电情况下进行检测，观察万用表是否有 AC 180V 以上的供电，如图 10-31 所示。

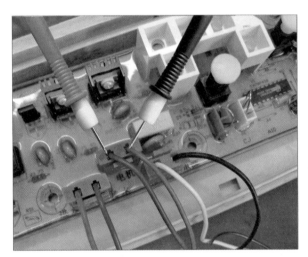

图 10-31　进水电磁阀供电的检测

⑤ 经检测发现电动机供电端输出的电压低于 AC 180V，说明故障出现在程序控制器对电动机的控制上。

⑥ 观察程序控制器，发现该程序控制器为电脑式程序控制器，并且采用了浇筑橡胶的防水措施，因此需要对其进行整体更换，更换后，再次试机，故障排除。

10.3.2　洗衣机不脱水的故障检修

（1）挡块和刹车臂引起的故障

故障现象：洗衣机处于脱水工作状态，有少量水排出，但是脱水桶不转。

检修方法：

① 洗衣机可以排水，但是电动机无法带动脱水桶转动，说明排水系统没有问题，怀疑是离合器故障。

② 拆卸洗衣机，找到离合器，如图 10-32 所示。

③ 在断电情况下，人工使洗衣机处于"洗涤""脱水"工作状态，检查离合器性能，发现离合器本身没有故障。

图 10-32　找到离合器

　　④ 接通电源，使洗衣机处于"脱水"工作状态，发现离合器没有处于"脱水"工作状态，观察刹车臂和挡块之间的距离，发现有很大的空隙，如图 10-33 所示，由此可以判断故障出现在这里。

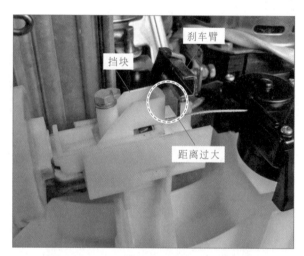

图 10-33　刹车臂和挡块状态的检测

　　⑤ 调整刹车臂与挡块之间的距离，使其之间的空隙处于 1mm 左右。调整完成后，再次试机，故障排除。
　　（2）牵引器引起的故障
　　故障现象：洗衣机处于脱水工作状态，脱水桶不转，也没有水排出。
　　检修方法：
　　① 洗衣机脱水桶不转，也没有少量的水排出，说明故障出现在离合器方面。
　　② 拆卸洗衣机，找到离合器。
　　③ 经检查发现离合器本身没有故障，怀疑是牵引器不能实现对离合器的控制。
　　④ 接通电源，洗衣机处于脱水状态，发现排水阀的牵引器不工作，不能对离合器进行控制，此时，确定故障点出现在牵引器上。

⑤ 经过检测，发现牵引器本身没有故障，再对控制牵引器的程序控制器进行检查，发现没有供电电压。由此可知，引起牵引器不能控制离合器的原因为程序控制器出现故障。

⑥ 对程序控制器控制牵引器方面的电路进行检修，或是整个更换程序控制器，再次试机，故障排除。

10.4　波轮式洗衣机减振支撑系统的故障检修

波轮式洗衣机工作过程中，主要依靠洗衣桶的高速旋转，对衣物进行洗涤或者完成脱水工作。这些工作能否正常进行，都需要减振支撑装置对洗衣桶进行平衡保护。因此，一旦减振支撑装置出现故障，波轮式洗衣机洗衣桶旋转时会出现不平衡状态，直接导致洗衣机无法正常工作。

10.4.1　吊杆脱落引起"洗衣桶旋转不平稳"的故障检修

故障现象：接通电源后，洗衣机能够正常洗涤衣物，但是洗衣桶旋转不平稳、出现晃动。

检修方法：

① 洗衣机能够正常洗涤衣物，但洗衣桶旋转不平稳、出现晃动，说明洗衣机离合器等其他机械装置正常，怀疑是吊杆组件的故障。

② 拆卸洗衣机，找到吊杆组件。

③ 在断电情况下，将波轮式洗衣机围框拆卸下来，检查悬挂在箱体四个球面凹槽的吊杆组件的悬挂状态，如图 10-34 所示。

图 10-34　找到吊杆组件并检查其悬挂状态

④ 经检查发现四个吊杆组件中有一个吊杆组件脱落。

⑤ 将脱落的吊杆组件重新挂到箱体的球面凹槽内，再次试机，故障排除。

10.4.2　吊杆损坏引起"洗衣桶噪声过大"的故障检修

故障现象：接通电源后，洗衣机能够正常洗涤衣物，但是工作时发出类似于金属间摩擦的噪声。

检修方法：

① 洗衣机能够正常洗涤衣物，说明洗衣机电动机、离合器等其他装置均正常，但出现类

似金属间摩擦的噪声，怀疑是吊杆组件的故障。

②拆卸洗衣机，找到并卸下吊杆组件，如图 10-35 所示。

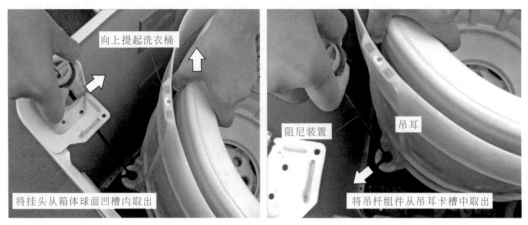

向上提起洗衣桶

将挂头从箱体球面凹槽内取出

阻尼装置

吊耳

将吊杆组件从吊耳卡槽中取出

图 10-35　卸下吊杆组件

③检查吊杆组件的挂头、吊杆、减振毛毡和阻尼装置中是否有损坏，如图 10-36 所示。

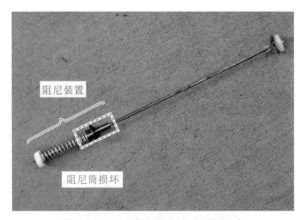

阻尼装置

阻尼筒损坏

图 10-36　检查吊杆组件的状态

④经检查发现其中一个吊杆组件的阻尼装置损坏。

⑤选择与损坏的吊杆组件参数相同的吊杆组件进行更换，再次试机，故障排除。

第 11 章

滚筒式洗衣机常见故障维修案例

11.1 滚筒式洗衣机给水系统的故障检修

11.1.1 进水电磁阀引起"给水不良"的故障检修

故障现象：接通电源，按下"启动"钮后，指示灯亮，但洗衣机不给水，也不能听到"嗡嗡"的声响。

检修方法：

① 洗衣机不能进水，电源指示灯亮，但不能听到"嗡嗡"的声响，说明洗衣机的电源供电正常，怀疑是进水电磁阀故障。

② 拆卸洗衣机，找到进水电磁阀，如图 11-1 所示。通过观察，该进水电磁阀采用的是双出水进水电磁阀。

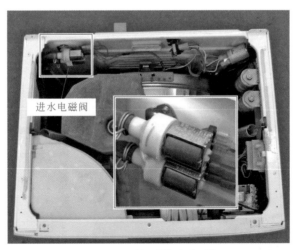

进水电磁阀

图 11-1 找到进水电磁阀

③ 在通电状态下，将洗衣机处于进水工作状态，使用万用表交流电压挡，分别检测进水电磁阀的 2 个电磁线圈的供电电压，如图 11-2 所示。

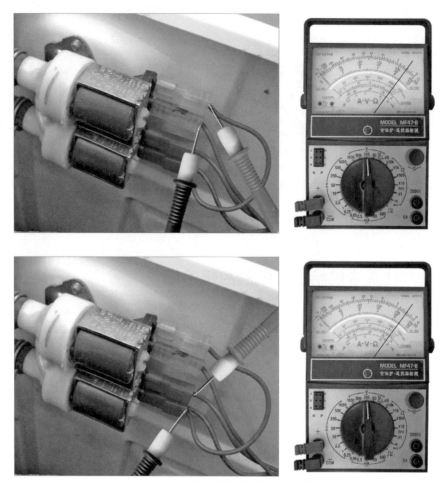

图 11-2　进水电磁阀供电电压的检测

④ 经检测，进水电磁阀的电压值为交流 220V，表明该进水电磁阀供电电压正常，怀疑是该进水电磁阀本身出现了故障。

⑤ 在断电情况下或是将进水电磁阀取下来，对其 2 个电磁线圈接线端的阻值进行检测，如图 11-3 所示。

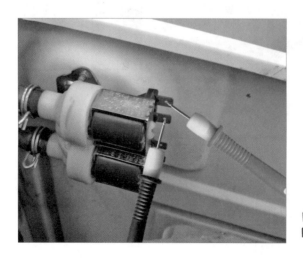

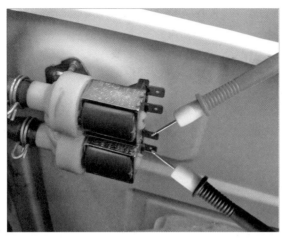

图 11-3　进水电磁阀阻值的检测

⑥ 经检测发现进水电磁阀 2 个电磁线圈接线端的阻值均趋向于无穷大，表明电磁线圈已经烧毁或断路，该进水电磁阀已损坏。

⑦ 选择与损坏的进水电磁阀参数相同的进水电磁阀进行更换，再次试机，故障排除。

11.1.2　水位开关引起"进水不止"的故障检修

故障现象：接上进水管，打开水龙头，通电启动，选择洗涤方式后，洗衣机进水不止，但进水到位后洗涤桶不运转。

检修方法：

① 当洗衣机接通进水管，通电启动，选择洗涤方式后，洗衣机开始进水，但到达所需水位后进水不止，洗涤桶也不运转，说明洗衣机其他装置均正常，怀疑是水位开关故障。

② 拆卸洗衣机，找到水位开关，如图 11-4 所示。

图 11-4　找到水位开关

③ 断电后，将水位开关取下，并取下水管，通过气室口向水位开关中吹气，使用万用表分别检测水位开关的低水位控制开关、中水位控制开关和高水位控制开关是否有损坏，如图 11-5 所示。

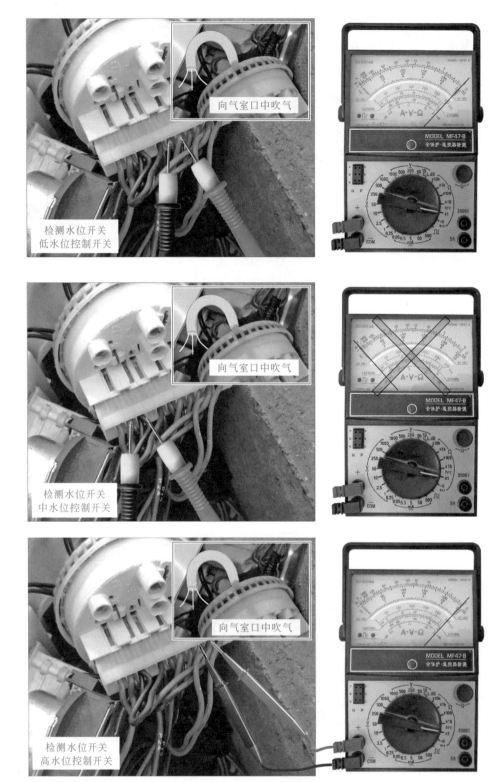

图 11-5　检测水位开关

④ 经检测，发现在水位开关中中水位控制开关检测值为无穷大，则表明此时洗衣机所需

水位为中水位要求，同时表明水位开关已经损坏。

⑤ 选择与损坏的水位开关同规格的水位开关进行更换，再次试机，故障排除。

11.2 滚筒式洗衣机排水系统的故障检修

11.2.1 管道堵塞引起"排水不良"的故障检修

故障现象：开机后，洗衣机运作一切正常，启动排水程序后，不排水。

检修方法：

① 洗衣机在洗涤过程中，运作一切正常，但洗衣机进入排水程序后，不能将水排出，则首先怀疑是排水通路故障。

② 拆卸洗衣机，找到排水管，如图 11-6 所示。

图 11-6　找到排水管

③ 将排水管从排水泵上取下，检查排水管内和排水泵进水口处是否有异物堵塞，如图 11-7 所示。

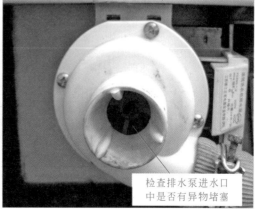

图 11-7　检查排水管

④ 经检查，排水管内有洗涤时残留的异物，表明是异物堵塞了排水管。

⑤ 将异物从排水管中取出，再次试机，故障排除。

11.2.2 排水泵引起"不排水"的故障检修

故障现象：洗衣机开机后，给水、洗涤均正常，但进入排水程序后，不排水。

检修方法：

① 洗衣机给水、洗涤均正常，说明给水、洗涤系统及控制系统均是正常的。但洗衣机进入排水程序后，不能将水排出，则怀疑是排水泵故障。

② 拆卸洗衣机，找到排水泵，如图 11-8 所示。通过观察，该排水泵采用的是单相罩极式排水泵。

图 11-8　找到排水泵

③ 在通电状态下，将洗衣机处于排水工作状态，不能听到排水泵发出"嗡嗡"的声音，应对排水泵进行通电检测。使用万用表检测排水泵的接线端，检测是否有交流 220V 电压，如图 11-9 所示。

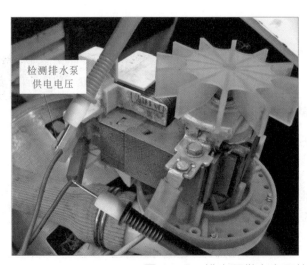

图 11-9　排水泵供电电压的检测

④ 经检测，可以测出 220V 的工作电压，表明排水泵出现故障，需对其进行进一步的检修，使用万用表电阻挡检测排水泵电动机两连接端之间的阻值，如图 11-10 所示。

图 11-10　排水泵电动机的检测

⑤ 经检测，排水泵电动机的阻值为无穷大，表明该电动机已经断路。

⑥ 选择与损坏的排水泵电动机参数相同的电动机进行更换或直接更换排水泵，再次试机，故障排除。

11.2.3　程序控制器引起"排水不止"的故障检修

故障现象：启动洗衣机后，无论洗衣机处于进水状态还是洗涤状态，均出现排水不止的现象。

检修方法：

① 当洗衣机启动后，处于进水状态时，洗衣机一边进水一边排水，当洗衣机开始洗涤时，也会出现一边洗涤一边排水的现象，怀疑是程序控制器电路板故障。

② 拆卸洗衣机，找到程序控制器的电路板。

③ 在断电情况下，将程序控制器的电路部分取下，使用万用表检测晶闸管是否正常，为了保证测量值的准确性，使用电烙铁将晶闸管焊下，进行开路检测。在焊下晶闸管之前，先使用尖嘴钳将晶闸管的固定卡子取下，如图 11-11 所示。

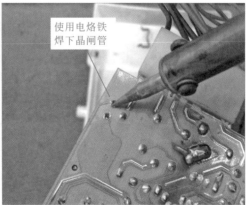

图 11-11　焊下晶闸管

④ 检测时，使用万用表检测其阴极与控制极间的正向阻值，如图 11-12 所示。

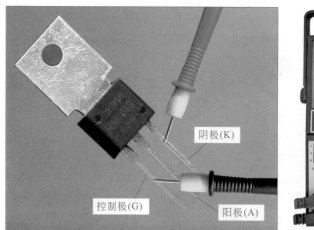

阴极(K)

控制极(G)　　　　　阳极(A)

图 11-12　程序控制器电路部分晶闸管的检测

⑤ 经检测，程序控制器电路板上的晶闸管阴极与控制极之间的阻值为无穷大，表明电路板上的晶闸管损坏。

⑥ 选择与损坏晶闸管相同规格的晶闸管进行更换，再次试机，故障排除。

11.3　滚筒式洗衣机机械传动系统的故障检修

11.3.1　电动机引起"不洗涤"的故障检修

故障现象：启动洗衣机，进水到位后，洗涤桶不转，不能进行洗涤操作。

检修方法：

① 启动洗衣机，进水到位后，洗涤桶不转动，说明是传动系统、程序控制器和电动机的故障。但将传动带取下，电动机也不转动，则说明是程序控制器或电动机本身损坏，但电动机附近不能听到"嗡嗡"声，则说明程序控制器正常，怀疑是电动机本身的故障。

② 拆卸洗衣机，找到电动机，如图 11-13 所示。

电动机

图 11-13　找到电动机

③ 在断电情况下，将电动机的连接插件取下，使用万用表检测 12 极绕组两端的阻值，如图 11-14 所示。

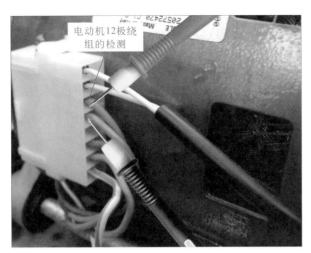

图 11-14　电动机 12 极绕组的检测

④ 经检测发现电动机 12 极绕组的阻值为无穷大，表明电动机的线圈断路，说明该电动机损坏。

⑤ 选择与损坏的电动机参数相同的电动机进行更换，再次试机，故障排除。

11.3.2　启动电容引起"电动机不转"的故障检修

故障现象：启动洗衣机后，洗衣机能够正常进水，当进水到位后，电动机正常却不转动，不能洗涤。

检修方法：

① 启动洗衣机，进水到位后，在电动机附近可以听到"嗡嗡"的声音，说明电动机供电的电路（程序控制器）正常，拨动电动机带轮后，电动机能够启动，但速度过低，不能带动带轮旋转，怀疑是启动电容故障。

② 拆卸洗衣机，沿着电动机的数据线找到电动机的启动电容，如图 11-15 所示。

图 11-15　找到电动机启动电容

③ 将启动电容处于开路状态，对其进行检测，先使用电阻对启动电容进行放电操作，如图 11-16 所示。

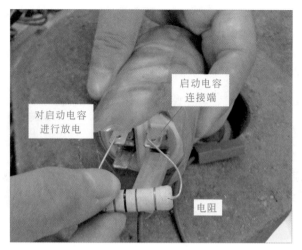

图 11-16　启动电容的放电

④ 对启动电容进行放电操作后，使用万用表的红、黑表笔分别接在启动电容的两端，观察万用表指针变化；再将两支表笔进行调换，观察万用表指针变化，如图 11-17 所示。

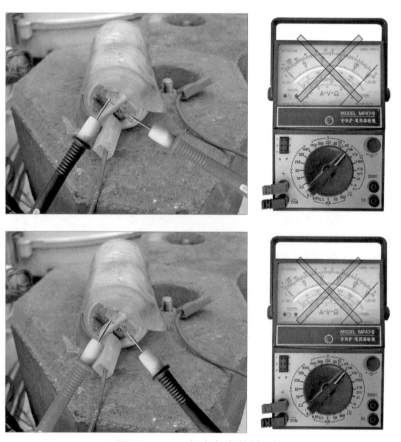

图 11-17　启动电容的检测

⑤ 经检测发现启动电容没有明显的充放电过程，说明该启动电容损坏。

⑥ 选择与损坏的启动电容参数相同的启动电容进行更换，再次试机，故障排除。

11.3.3　机械传动装置引起"洗涤桶不转"的故障检修

故障现象：启动洗衣机，进水到位后，电动机正常转动，洗涤桶不转，不能进行洗涤操作。

检修方法：

① 启动洗衣机，进水到位后，观察电动机旋转正常，但洗涤桶不能正常转动，不能完成洗涤操作，怀疑是机械传动装置出现故障。

② 拆卸洗衣机，找到机械传动装置，即带轮、传动带、内桶轴承等，如图 11-18 所示。

③ 转动传动带，检查带轮是否正常地转动，如图 11-19 所示。

图 11-18　找到机械传动装置

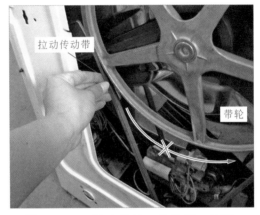

图 11-19　检查带轮、传动带、轴承

④ 经检测发现机械传动装置的带轮转动失常，则说明是由内桶轴承损坏引起的故障。

⑤ 将损坏的内桶轴承进行更换，更换后，再次试机，故障排除。

11.4　滚筒式洗衣机其他故障检修

11.4.1　加热器引起"不能加热洗涤"的故障检修

故障现象：接通电源，洗衣机正常工作，但选择加热洗涤时，洗衣机不能加热。

检修方法：

① 洗衣机能够正常工作，说明洗衣机其他器件均正常，选择加热洗涤时，洗衣机不加热，首先怀疑是加热器损坏。

② 打开洗衣机后盖板，找到加热器，如图 11-20 所示。

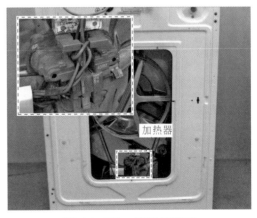

图 11-20　找到加热器

③ 将加热器的连接线拔下，使用万用表检测加热器两端的阻值，如图 11-21 所示。

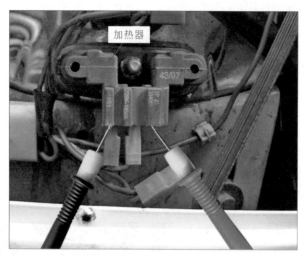

图 11-21　加热器的检测

④ 经检测加热器两端的阻值为无穷大，说明加热器已损坏。

⑤ 将损坏的加热器进行更换，再次试机，故障排除。

💡 **提示**

除加热器故障外，若温度控制器损坏，也可造成洗衣机通电后能正常工作，但选择加热洗涤时，洗衣机不能加热。

图 11-22 为滚筒式洗衣机中的温度控制器。

断电情况下，如图 11-23 所示，检查温度控制器的连接线是否松动。若松动，则重新插接脱落的连接线；若连接良好，应对其进行拆卸检测。

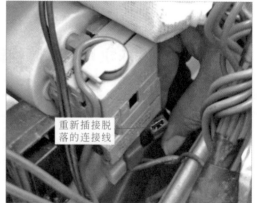

图 11-22　找到温度控制器　　　图 11-23　重新插接脱落的连接线

11.4.2　水位开关引起"脱水不良"的故障检修

故障现象：接通电源后，洗衣机能够正常洗涤衣物，但在排水完成后，洗衣机不能进入脱水状态。

检修方法：

① 洗衣机能够正常洗涤衣物，但在排水完成后，洗衣机不能进入脱水状态，说明洗衣机的其他装置正常，可能是由于电动机的定子绕组损坏或水位开关没复位。经检测发现电动机定子绕组正常，怀疑是水位开关没复位引起的故障。

② 拆卸洗衣机，找到水位开关。

③ 在断电情况下，将水位开关拆卸下来，向气室口吹气，如图 11-24 所示。在水位开关正常的情况下，向气室口吹气，可以听到 3 次"咔咔"声。

④ 经检测发现向气室口吹气时，不能听到明显的"咔咔"声，此时说明水位开关没有复位。

⑤ 将损坏的水位开关使用相同规格的水位开关进行更换，更换后，再次试机，故障排除。

图 11-24　检测水位开关

11.4.3　减振支撑装置引起"振动过大"的故障检修

故障现象：将洗衣机放置平稳，接通电源后，洗衣机能够正常洗涤衣物，但在洗涤过程中出现较大的振动和噪声。

检修方法：

① 洗衣机放置平稳后能够正常洗涤衣物，说明洗衣机其他机械装置均正常，但洗衣机在工作中发出的较大的振动和噪声，可能是由于洗衣机平衡块和前后平衡块的固定螺钉松动或减振支撑装置出现故障。由于洗衣机的平衡块固定在滚筒上，较牢固，出现松动的可能性较小，因此怀疑是洗衣机内的减振支撑装置出现故障。

② 拆卸洗衣机，找到洗衣机的减振支撑装置，即吊装弹簧、减振器，如图 11-25 所示。

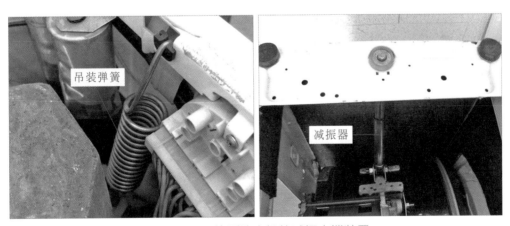

图 11-25　找到洗衣机的减振支撑装置

③ 经检测发现洗衣机减振器的固定螺栓松动，失去了减振的作用，造成了洗衣机在工作

中出现振动和噪声，如图 11-26 所示。

④ 将洗衣机减振器的固定螺栓拧紧后，再次试机，故障排除。

11.4.4 门边沿引起"漏水"的故障检修

故障现象：接通电源，洗衣机开始洗涤操作时，门边沿处漏水。

检修方法：

① 接通电源，洗衣机开始洗涤后，门边沿开始漏水，怀疑是铁丝圈松动或门封出现老化现象引起的故障。

② 找到洗衣机的铁丝圈和门封，如图 11-27 所示。

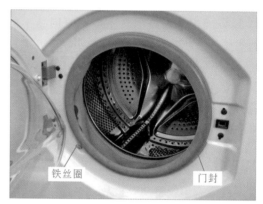

图 11-26　松动的减振器固定螺栓　　　　图 11-27　找到铁丝圈及门封

③ 检查门封是否出现老化现象，铁丝圈是否松动，如图 11-28 所示。

图 11-28　检查铁丝圈和门封

④ 经检测，铁丝圈固定正常，但门封与箱体脱离并且门封出现老化现象，致使洗衣机门处漏水。

⑤ 对洗衣机老化的门封进行更换，再次试机，故障排除。

附录

洗衣机维修技术资料

（1）LG 洗衣机（XQB70 系列）

LG 洗衣机
（XQB70 系列）的
控制电路与接线关系

LG 洗衣机
（XQB70 系列）
进水故障的检修

LG 洗衣机
（XQB70 系列）
排水故障的检修

LG 洗衣机
（XQB70 系列）
门故障的检修

LG 洗衣机
（XQB70 系列）
压力传感器的检修

LG 洗衣机
（XQB70 系列）
电动机组件检测

LG 洗衣机
（XQB70 系列）
排水电动机检测

LG 洗衣机
（XQB70 系列）球形
压力水位开关检测

（2）LG 洗衣机（WD-N80120）

LG 洗衣机
（WD-N80120）
故障诊断与检测

LG 洗衣机
（WD-N80120）
排水功能失常的检修

LG 洗衣机
（WD-N80120）
脱水故障的检修

（3）海尔洗衣机（XQB45）

海尔洗衣机
（XQB45）开机
指示灯不亮的检修

海尔洗衣机
（XQB45）
漏电的检修

海尔洗衣机
（XQB45）
烧保险的检修

海尔洗衣机
（XQB45）
不能进水的检修

海尔洗衣机
（XQB45）
进水不止的检修

海尔洗衣机
（XQB45）
不能排水的检修

海尔洗衣机（XQB45）
排水不畅的检修

海尔洗衣机（XQB45）
排水不止的检修

海尔洗衣机（XQB45）
洗涤时电机不转的检修

海尔洗衣机（XQB45）
脱水时电机不转的检修

海尔洗衣机（XQB45）
脱水时脱水桶不转的检修

海尔洗衣机（XQB45）
脱水异常报警的检修

海尔洗衣机（XQB45）
噪声大的检修

（4）海尔滚筒洗衣机的故障代码

海尔滚筒洗衣机的故障代码

（5）海尔波轮洗衣机的故障代码

海尔波轮洗衣机
的故障代码

（6）海尔洗衣机（XQG50）

海尔洗衣机
（XQG50）
故障诊断与检测

海尔洗衣机
（XQG50）
门锁异常的检修

海尔洗衣机
（XQG50）
排水异常的检修

海尔洗衣机
（XQG50）
进水异常的检修

海尔洗衣机
（XQG50）
电机异常的检修

海尔洗衣机
（XQG50）
水溢出报警的检修

海尔洗衣机
（XQG50）
通讯异常的检修

（7）惠而浦洗衣机（WFS1061）

惠而浦洗衣机
（WFS1061）故障
诊断与检测

惠而浦洗衣机
（WFS1061）常见
故障的检修

惠而浦洗衣机
（WFS1061）功能
部件的检测数据

（8）美的洗衣机（XQG50）

美的洗衣机
（XQG50）
故障诊断与检测

美的洗衣机
（XQG50）
不进水的检修

美的洗衣机
（XQG50）
排水功能失常的检修

美的洗衣机
（XQG50）
脱水故障的检修